U0202038

工程师的社会责任与实践

主　编　宫淑燕

副主编　刘咏芳　顾　霜

编　者　宫淑燕　顾　霜　刘咏芳

西北工业大学出版社

西　安

【内容简介】 本书面向"中国制造 2025"和"中国新型工业化"进程，结合西北工业大学办学和专业特色，针对航空、航天、航海、计算机、土木工程和生物技术等多个领域的工程实践问题进行编写，分为航空、航天、航海工程，计算机、信息、智能工程，生物工程，土木与建筑工程，其他工业工程等 5 章，从行业背景、工程事件事实经过、原因分析、结论和启示等方面对每一个工程案例展开分析，通过工程实例培养工程师的社会责任感。

本书可作为高等学校工程伦理专业教师和学生的参考用书，也可以作为相关工程从业者的实践参考书。

图书在版编目（CIP）数据

工程师的社会责任与实践 / 宫淑燕主编. — 西安：西北工业大学出版社，2023.8
　ISBN 978 - 7 - 5612 - 8952 - 5

　Ⅰ.①工⋯　Ⅱ.①宫⋯　Ⅲ.①工程师 - 研究　Ⅳ.①T - 29

中国国家版本馆CIP数据核字（2023）第154551号

GONGCHENGSHI DE SHEHUI ZEREN YU SHIJIAN
工程师的社会责任与实践
宫淑燕　主编

责任编辑：朱晓娟　董珊珊	策划编辑：杨　军	
责任校对：胡莉巾	装帧设计：董晓伟	
出版发行：西北工业大学出版社		
通信地址：西安市友谊西路 127 号	邮编：710072	
电　　话：（029）88491757，88493844		
网　　址：www.nwpup.com		
印 刷 者：兴平市博闻印务有限公司		
开　　本：787 mm×1 092 mm	1/16	
印　　张：10.5		
字　　数：249 千字		
版　　次：2023 年 8 月第 1 版	2023 年 8 月第 1 次印刷	
书　　号：ISBN 978 - 7 - 5612 - 8952 - 5		
定　　价：39.00 元		

如有印装问题请与出版社联系调换

前　言

　　人类社会的发展始终伴随着不同类型的工程行为。古埃及的金字塔、中国的万里长城等闻名遐迩的伟大建筑，既是人类文明的重要遗产，也是古代浩大工程的典范。值得注意的是，工程活动不仅是专业技术活动，也是经济活动和社会活动。工程活动消耗大量的社会资源和自然资源，这必然会引起一定范围内经济、社会、文化、政治及生态系统的变化和重构，社会的重构需要维护社会公平和正义，促进可持续性发展，体现工程的历史责任和社会责任。新时代的工程是在"人-物-环境"的整体框架之中的，工程离不开人，离不开物，离不开环境，更离不开社会。因此，工程是科学，更是社会实践。较强的实践能力与社会责任感是对卓越工程师的基本要求。

　　本书通过介绍航空、航天、航海、计算机、土木工程和生物技术等多个领域的工程实践问题，结合工程实例，引导学生和工程从业者做一个诚实、可信赖、负责任的工程师，正确处理好安全与风险、管理、工程与环境之间的关系，增强实现中华民族伟大复兴的责任感与使命感。

　　本书由宫淑燕担任主编，刘咏芳、顾霜担任副主编。具体编写分工如下：第1章～第3章由宫淑燕编写，第4章由刘咏芳编写，第5章由顾霜编写。

　　感谢西北工业大学研究生院和西北工业大学马克思主义学院对本书编写的大力支持，也特别感谢浙江大学的丛杭清教授对本书编写的指导。

　　由于水平有限，书中难免存在不足之处，敬请批评指正。

编　者

2022年11月

目　录

第1章 航空、航天、航海工程

1.1 波音737 MAX 8事故的反思：该让数据"接管"生命控制权吗？

内容提要：2019年3月10日，埃塞俄比亚航空一架波音737 MAX 8飞机起飞仅6 min就坠毁，机上157人全部罹难，失事飞机的机龄不到4个月，这是继2018年10月19日印尼狮航空难事故造成189人罹难后，波音公司该机型飞机发生的第二起空难。两起事故原因都与波音公司推出的一套自动防失速系统相关，该系统强调"数据搜集"和"自动化"。本节将从事故中探寻内在的原因。

关键词：波音737 MAX 8客机；数据搜集；自动化；高攻角传感器

1.1.1 引言

如果有人每天坐一次飞机，要3 223年才遇上一次空难。这样看来，坐飞机比坐火车更安全。但是，安全不是绝对的，凡事总有例外。

1.1.2 相关背景介绍

事故一出，全球震惊。在不到半年的时间，新交付的波音737 MAX 8客机连续发生两起惊人相似的空难，将波音公司推向了风口浪尖，并引发了全球范围内波音737 MAX系列飞机的停飞。

两起空难事故原因非常类似，均为失事飞机不可控地急速俯冲坠地。初步调查将导致事故发生的元凶指向了波音737 MAX系列飞机中新引入的一个飞行控制程序——机动特性增强系统（Massachusetts Comprehensive Assessment System，MCAS）。

1.1.3 情节描述

2018年10月29日，一架共载有189名乘客和机组人员的印尼狮航波音737 MAX 8客机，在起飞13 min后失联，随后被确认在西爪哇附近海域坠毁，机上人员最终全部遇难。截至目前，事故调查工作仍在进行中。

133天之后，2019年3月10日，从亚的斯亚贝巴起飞的埃塞俄比亚航空一架航班号为ET302的波音737 MAX 8客机在起飞6 min后坠毁。机上载有的149名乘客和8名机组人员，全部不幸罹难。据报道，此次失事的是一架4个月前才交付给该航空公司的全新波音737 MAX 8飞机。初期调查结果表明，飞机的传感器可能存在问题，飞行控制计算机出现"数据错误"。而在飞行员意识到这一数据错误后，飞机没有将控制权交回人类，人、机"周旋"许久，最终酿成了这一事故。

1.1.4 原因分析

1.1.4.1 技术原因分析

在印尼狮航空难事故事件中，调查人员发现，失事飞机的迎角传感器"数据错误"触发"防失速"自动操作，导致机头不断下压，飞行员多次手动拉升未果，飞机最终坠海。

事故的根本原因要从波音公司最新推出的一套自动防失速系统进行分析，该系统改变了波音737此前的设计，并且强调"数据搜集"和"自动化"，简单来说就是，波音公司在飞机上安装了一系列迎角传感器。

在飞机飞行时，如果迎角太大，升力会逐渐减小，最终产生空气动力学失速，从而使飞机无法继续高空飞行。飞机大迎角飞行如图1-1所示。

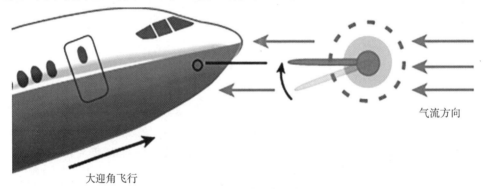

图1-1 飞机大迎角飞行

波音公司为了应对这一情况设计了一套自动化"应对措施"。高攻角传感器（Angle-of-Arrival，AOA）可以在飞机飞行时计算机翼在空中切割时产生的升力。一旦高攻角传感器接收到过大的迎角数据，安全系统会自动给出"下压力"，降低机头，同时，作为警告，共轭控制器会剧烈震动并发出声响。

一旦监测到迎角传感器出了故障，MCAS（见图1-2）就会在飞机正常飞行时强行把飞机机头往下压，最后导致空难。

很多人可能会困惑，那飞行员在做什么？飞机发出一系列不寻常信号后，飞行员为何没有迅速采取补救措施呢？

据报道，在印尼狮航空难事故中，MCAS接收到了错误数据，导致飞机在正常情况下开始不断下压机头，飞行员在11 min内连续手动拉升20余次操纵杆，但最终失败，飞机坠海。

印尼狮航空难事故发生后，中国资深机长陈建国表示："狮航空难是飞机信号系统接收到一个假信号，信号显示飞机'抬头'，所以控制系统持续给出了'低头'的指令。机组与控制系统搏斗很长时间，最终发生事故。"

如下情况下MCAS会自动启动

· 飞机迎角过高

· 自动驾驶关闭

· 襟翼收起

· 大坡度转弯

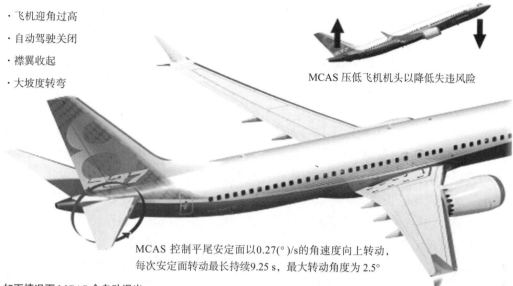

MCAS 压低飞机机头以降低失速违风险

MCAS 控制平尾安定面以0.27(°)/s的角速度向上转动，
每次安定面转动最长持续9.25 s，最大转动角度为2.5°

如下情况下 MCAS 会自动退出

· 飞机迎角足够低

· 飞行员以人工配平方式接管

图1-2　MCAS

数据显示，印尼狮航失事飞机起飞后曾经有过突然下降的迹象，随后又有上升，之后消失在追踪画面中。也就是说，飞行员在事故后曾进行过手动调节，但并没有解除自动控制系统的操控，机组与控制系统周旋许久，事故最终仍然没有避免。

此外，不管是航空公司的管理层还是飞行员都不知道飞机上居然还装了这样一套系统。因此，飞行员基本上没有为应对可能出现的风险做好准备。没有经过该系统严格训练的飞行员，如果在最关键的几分钟内处理不当，那么最终很容易造成飞机坠毁。

根据波音公司对飞行员的培训，人们发现MCAS程序有4个特点：

（1）发现失速后，程序只相信主传感器，不与备份传感器核实（同样的情况下，空客的飞机则会交给飞行员处理）。

（2）一旦程序相信主传感器，不通知飞行员，控制系统直接操纵机翼。

（3）飞行员手动操作后，控制系统仍旧会每5 s自动执行操作，让飞行员不得不与飞机较劲。

（4）程序开关非常隐蔽。

1.1.4.2　解决措施

空难发生后，波音公司更新了737 MAX系列飞机飞行操作手册，指导飞行员如何应对"迎角传感器数据错误"。报道称波音公司考虑修改软件设置：自动系统触发后，一旦机组人员进行"反向"操作，即可关闭MCAS的"自动下压机头"功能。但这一"软件升级"并没有得到官方的确认。

1.1.5 结论和启示

一些科幻片为人们描绘了一个更安全的世界：再也不会有注意力不集中、不遵守交通规则的人类驾驶员，世界将再无"车祸"和"空难"。

但是，事实似乎并非如此。

2009年，法航447号航班从里约热内卢飞往巴黎的过程中，飞机空速传感器结冰，导致自动驾驶仪断开连接，机组人员试图手动控制飞行，但最终失败了，飞机撞向大西洋，造成228人死亡。

结合全球首例无人驾驶汽车致行人死亡事件，可以这么认为，人类如果对人工智能（Artificial Intelligence，AI）等自动化设备过于信赖，在汽车等具有"智能化"的设备运行的过程中就会降低警惕性，而事故往往会发生在降低警惕性的一瞬间。

虽然现代汽车的自动驾驶系统仍然处在探索阶段，但在航空领域，自动驾驶系统早已大行其道，飞机的自动驾驶系统会根据预先设定好的航路，全程驾驶飞机，甚至完成降落，飞行员反而成了辅助。

当前的自动化设备都具有自动纠错功能，可以为不完备的人工操作提供一定的技术补充。但是，这种补充也许会演变成一种掩盖。人类如果长期不去做一些事情，在某些方面会因为疏于练习而发生"退化"。

或许自动化设备失灵的情况很少发生，但是一旦发生，其结果会比一些自然灾害来得更加致命。正如事后的一些猜测：飞行员无法根据飞行经验去判定哪些数据是真实的，哪些是错误的；飞行员在处理危急情况方面的培训不够；等等。这说明一切人造设备出现问题，原因总是在人的身上。

人们一直在讨论的是如何促进人工智能发展，甚至做到无人值守，但是，现在有必要严肃地讨论一下其负面影响了。

该以怎样的态度面对AI以及自动化，以及如何把握好人机结合的度，这一切都是智能时代到来前，人们需要面对的难题。

1.1.6 思考题

（1）如何平衡自动化和人工操作？

（2）当软件系统出现故障或者对于飞行状况判断失误时，如何规避风险？

（3）随着人工智能的快速发展，人们应该注意什么？

参考文献

[1] 冯建文, 孙黎, 刘金龙. 波音737-8事故简析[J]. 航空动力, 2019(2): 50-55.

[2] 彭辛, 尼瓦扎提, 孔维君. 对人工智能引发安全问题的思考: 以波音737-MAX 8坠机事故为例[J]. 民航管理, 2021, 363(1): 73-76.

[3] 张超汉. 国际航空产品责任事故中美国联邦航空局的适航责任探析: 以"埃航空难"为例的分析[J]. 河北法学: 2019, 37(12): 122-133.

1.2　空难中的伦理问题

内容提要：在飞机起飞后，机长在飞行中拥有最高的法律地位和至高无上的权力，机长对乘客的安全负有直接的也是最终的责任。但前提是机长能够在驾驶舱中控制飞机。当飞行员在飞行过程中出现了失能时，飞机上的其他人员是否能够在未经授权的情况下接管飞机，或者说是否应该把整架飞机的安全交给驾驶舱内的其他人？本节的案例将展示两种完全不同的情况：第一个案例是美国航空77号航班（N644AA）"飞机撞击五角大楼事件"；第二个案例是德国之翼航空9525号航班（4U9525）"天空谋杀案件"。

关键词：空难；驾驶舱门；美国航空77号航班（N644AA）；德国之翼航空9525号航班（4U9525）

1.2.1　引言

美国航空77号航班（N644AA）"飞机撞击五角大楼事件"：2001年9月11日，美国航空77号航班成为"9·11"事件中第三架被劫持的客机，当天中午，恐怖分子驾驶着装载有大量燃油和63名乘客（含5名劫机人员）及5名机组成员的客机撞入五角大楼西翼。

德国之翼航空9525号航班（4U9525）"天空谋杀案件"：2015年3月24日，德国之翼航空9525号航班由西班牙巴塞罗那飞往德国杜塞尔多夫，于法国境内阿尔卑斯山地区坠毁。

1.2.2　相关背景介绍

美国航空77号航班（N644AA）"飞机撞击五角大楼事件"：机长为52岁的查尔斯·伯林盖姆（Charles Burlingame），他毕业于美国海军学院，曾在美国海军服役。副驾驶为39岁的大卫·沙勒布瓦（David Charlebois）。此次航班共有58名旅客（其中包括5名劫机者）。

德国之翼航空9525号航班（4U9525）"天空谋杀案件"：机长为34岁的帕德里克·桑德恩海默（Patrick Sondenheimer），他拥有6 763 h飞行经验。副驾驶是27岁的安德烈亚斯·卢比茨（Andreas Lubitz），他刚入职德国之翼航空一年多，拥有919 h飞行经验。

1.2.3　情节描述

美国航空77号航班（N644AA）"飞机撞击五角大楼事件"：77号航班经塔台允许后，很快便进入了爬升状态，此次航程大约需要5 h。起飞半小时后，空管员从雷达屏幕上观测到77号航班并未依照正常航线飞行，而是掉头往目的地反方向飞。之后，77号航班从雷达屏幕上消失了。这时传来美国航空11号航班撞向世贸大楼北楼的消息，紧接着是美国联合航空175号航班撞向世贸大楼南楼的消息。77号航班客机失联半小时后，又突然出现在雷达屏幕上，显示这架客机正呼啸着向华盛顿奔去，擦着地面向五角大楼撞去，尚未完工的五角大楼西翼燃起熊熊烈火。美国联邦调查局的调查员发现曾有机上乘客向地面拨打电话，称有劫机者用美工刀劫持了乘务员，并使用乘务员随身携带的钥匙打开驾驶舱门将飞行员从驾驶舱强制驱除并接管飞行。这一切都在极短时间内发生，机组成员甚至来不及通知地面（按正常程序，他们可以在应答机中输入劫机代码：7500）。"9·11"事件对整个航空业产生了深远影响，事发两个月后，美国当局成立了运输安全管理局（Transportation Security Administration，TSA），对乘客所携带的物品进行严格管制，机场也开始使用全身扫描仪，飞机上的安保措施有了革命性改进，人们对驾驶舱门系统也进行了重新设计和强化，使得舱门在未经授权的情况下根本无法从外部打开。

德国之翼航空9525号航班（4U9525）"天空谋杀案件"：德国之翼航空9525号航班，是从西班牙巴塞罗那机场飞往德国杜塞尔多夫国际机场的定期航班。当天上午10点01分，9525号航班经塔台允许后，从07右跑道起飞，起飞程序由副驾驶卢比茨控制。根据航线规划，客机将飞越狮子湾并经过法国阿尔卑斯山区，最终抵达杜塞尔多夫。客机进入法国境内后，空管员发现9525号航班未经许可便开始下降，他呼叫飞行员也没有得到任何回应，之后航班从雷达屏幕上消失。搜救直升机抵达事故现场后，人们发现一块块碎片散落在山脊上，没有发现生命迹象。语音记录显示，9525号航班的起飞程序一切正常。客机坠毁前10 min，桑德恩海默离开驾驶舱去洗手间，驾驶舱中只有卢比茨一个人，就在此时客机开始下降。随后的时间里驾驶舱内静如止水，麦克风只记录下卢比茨呼吸的声音，这也排除了突然舱内失压，飞行员失能的可能。桑德恩海默尝试返回驾驶舱，却一直被锁在门外，他用消防斧也没能打开舱门。所有的证据指向卢比茨驾机自杀。

1.2.4　原因分析

空客和波音公司在2001年的"9·11"事件后将自己的飞机的驾驶舱门进行了升级，让驾驶舱门具有防爆、防弹的特性，并且在飞行途中只能从内部打开。其目的是在遭遇到类似的劫机事件时让驾驶员不会失去对飞机的控制权，并且有充足的时间和地面塔台联系。然而这一设计会将飞机的命运交给驾驶舱内的人，可能会造成严重后果。

1.2.5　结论和启示

现代航空中的每一条规定都是由沉重的空难得出的经验、教训。德国之翼航空9525号航班（4U9525）"天空谋杀案件"之后，各个航空公司都规定不允许驾驶舱内只留一个人，当有飞行员需要离开驾驶舱时，必须要求另一名乘务员或随机工程师进入驾驶舱。

1.2.6　思考题

（1）作为飞机的设计者和适航安全的制定者，是否应该将飞机的安全完全交给驾驶舱内的人？

（2）类似的飞行员自杀空难还有埃及航空990号航班（MS990/MSR990）、马来西亚航空370号航班（MH370/CZ748），上述类似情况真的不能避免吗？

（3）为避免驾驶员可能对乘客造成的危害，在工程及运行措施方面有何建议？

参考文献

[1] 刘瑞崔. 影响飞行员不安全行为的内外因素及其作用机理研究[D]. 天津：中国民航大学, 2019.

[2] 刘红军. 基于机组人为因素分析的东航飞行安全风险防控及对策研究[D]. 上海：复旦大学, 2013.

1.3　人机对抗——洛根航空6780号航班事件

内容提要： 一架洛根航空有限公司的6780号航班客机，在机场准备降落的过程中突然遭遇了雷击，机身向下俯冲。当机长试图发出机头向上的指令时，飞机未做出机头向上的反应。据飞行数据记录仪的数据显示，飞机的自动驾驶系统一直处于连接状态，但是飞行员认为自动驾驶系统已经断开。这起表现出人机对抗的事件，险些酿成重大航空事故。本节将从工程伦理学的角度对该客机的飞机设计公司、飞机研发工程师团队、航空公司以及对于这款飞机经验不足的飞行员进行分析，并给出一些建议和思考。

关键词： 航空事故；人机对抗；自动驾驶

1.3.1　引言

大西洋北海上空，一场雷暴天气就在眼前，一架现代涡桨客机正飞往萨姆堡机场，机载雷达显示，飞机的正前方有一团雷暴云。正当飞行员放弃降落准备盘旋时，飞机被百万伏特的闪电击中。慌乱之中，飞行员接手了飞机的操控，但飞机似乎没有反应，出现了严重的操控问题，机上的所有人处于生死边缘。让调查人员百思不得其解的是，飞机在遭受雷击之后发生了不可思议的事情：升降舵一直在压机头，而不是在抬机头。飞行员的输入和飞机的行为有着天壤之别，险些让机上所有人丧命。

1.3.2　相关背景介绍

飞机注册的所有者和实际使用者：洛根航空有限公司。

飞机型号：萨博2000。

事故发生地点：距萨姆堡机场以东约13 km，N59° 52′ 56″，W001° 05′ 07″。

时间：2014年12月15日19时10分。

机组成员信息：机长飞行时长为5 780 h，其中萨博340上4 640 h，萨博2000上143 h。副驾驶飞行时长为1 054 h，在萨博2000上260 h。

飞机的自动驾驶系统：可以通过以下方式手动解除自动驾驶仪来解除人机对抗。

（1）按下任一控制轮上的解除按钮；

（2）将中央基座上的自动驾驶仪接合杆移至解除位置；

（3）移动中央基座上的待机微调开关；

（4）按动动力杆的复飞开关。

1.3.3　情节描述

在飞机飞向萨姆堡的过程中，机组获得了自动终端信息系统（Automatic Terminal Information System，ATIS）信息，其中指出27号跑道正在使用，风向为290°，风速34 kn（1 kn=0.514 4 m/s），阵风47 kn，在大雨和雪中能见度为4 700 m，最低云层为700 ft（1 ft=0.304 8 m）。

出于天气原因，飞机决定进行盘旋，当飞机偏离航向时，飞机被闪电击中。机长回忆说，他告诉副驾驶他（机长）已经控制了飞机，并开始进行机头向上的俯仰输入，他用控制盘上的俯仰调整开关增加了机头向上的俯仰调整输入。副驾驶向空管部门发出了求救信号，空管人员向机组人员提供了进近或转向的"所有选择"。

飞机恢复爬升，但机长认为他的控制输入似乎没有达到预期效果。副驾驶也进行了机头向上的俯仰输入和俯仰调整输入，但同样感觉到飞机没有做出预期的反应。

当飞机到达4 000 ft高度时，俯仰姿态趋向于机头向下，飞机开始下降。来自一台空气数据计算机的无效数据导致自动驾驶仪脱离。此时，俯仰调整输入几乎完全朝下，飞机继续朝下俯冲并下降。在1 600 ft高处，飞机最高下降率为9 500 ft/min，俯仰姿态达到机头向下19°，空速达到330 kn。

飞行员保持机头向上的俯仰输入，飞机机头开始向上仰。在接近达到的最低高度（海拔1 100 ft）时，安装在飞机上的地面接近警告系统发出了"下降率"和"拉升"警报。机长加足马力，飞机开始爬升。在这种飞机操控不确定的情况下，飞机返回阿伯丁，最终平安降落。

1.3.4　原因分析

依次对飞机设计公司、飞机研发工程师团队、航空公司以及对于这款飞机经验不足的机组人员进行原因分析，具体如下。

（1）飞机设计公司。萨博公司在设计这款飞机时，应该遵循人道主义原则，把乘客的生命、利益摆在设计的首位，不应该只追求生产飞机带来的效益，而不对这款飞机机型上功能可能具有的潜在风险性进行评估，在制造飞机时应充分遵循保障人的安全，保证飞机安全、可靠的原则。除此之外，提供一份翔实的飞机操作手册是飞机设计公司的责任与义务，事故的调查分析显示，飞机设计公司并未在操作手册中写上飞机遭受雷击之后，飞行员需要做出的具体操作。因此，飞机设计公司具有不可推卸的责任，存在过失行为。

（2）飞机研发工程师团队。工程师在飞机研发过程中，没有对潜在风险做出评估。他们对这款飞机的缺陷（机组权限小于自动驾驶权限）造成的后果估计不足，导致这次事件的发生。工程师作为飞机设计的责任主体，应该要突破技术眼光的局限性，要从其他航空公司发生的空难中汲取教训。在历史上有多次因人机对抗而导致的事故。1991年，东德国家航空公司的A310-300飞机，自动飞行控制系统与飞行员对抗，飞机最终安全降落。1994年的名古屋空难，A300飞机的计算机程序也导致飞行员与电脑之间互相抢夺操控权，最终飞机出现了平衡问题，造成重大空难。这些都是人机对抗的问题，工程师在设计萨博2000时，应该了解该工程领域的事故原因。很明显，萨博公司的工程师缺失了他们所从事职业应有的伦理责任，当由他们设计的飞机具有极大的安全风险时，工程师们应该承担起社会的伦理责任。

（3）航空公司。洛根航空公司很明显在管理体系上失职，事故调查分析说明，两位飞行员对这款飞机都是经验不足的。洛根航空公司为了节约对飞行员的培训成本，省略了对飞行员培训的环节，丢了社会伦理责任，没有对乘客的生命健康风险承担责任，没有尽到对飞行员进行培训的义务。洛根航空公司违背了制度约束的原则，没有建立健全的安全管理体系。

（4）机组人员。机组人员没有尽可能尽到熟悉这款机型的责任，飞机受到雷击之后，机组人员做出了错误判断，认为与以往一样，飞机遭到雷击之后，自动驾驶会自动断开。

1.3.5　结论和启示

本节案例介绍了洛根航空的6780号班机——萨博2000遭遇雷击后，对这款飞机经验不足的飞行员感到惊慌，进而出现人机之间的对抗，发生了惊险坠机的事故，最终因飞机计算机程序的一个小漏洞，挽救了飞机上全体人员的生命。其中原因涉及多方面，从工程伦理学来讲，工程师在设计的时候应该对于研发的技术项目做出充分的潜在风险的评估，应该充分了解机组权限小于自动驾驶权限可能造成重大的风险事故，要充分承担起工程师的职业伦理责任。

1.3.6　思考题

（1）假如你是工程师，明知自动操控的设计是不合理的，但是飞机设计公司为了低成本运营就要这样设计，你会听从公司的安排吗？反对飞机设计公司提出的要求，意味着你要离职。你会怎么做？

（2）自动驾驶中，在紧急场景下，人的操作权限是否应该比机器的操作权限高？

（3）你认为这起事故中，飞行员与飞机设计公司相比，谁应该承担更大的责任？

参考文献

[1] 刘鹏, 吕曦, 李志忠. 任务复杂度对自动化意识的影响[J]. 航空学报, 2015, 36(11): 3678-3686.

[2] 许为. 自动化飞机驾驶舱中人-自动化系统交互作用的心理学研究[J]. 心理科学, 2003(3): 523-524.

1.4　"哥伦比亚"号航天飞机事故工程伦理分析

内容提要： 2003年2月1日，"哥伦比亚"号航天飞机在返航途中解体，7名宇航员遇难。这是历史上继1986年"挑战者"号事故之后的第二起严重航天飞机事故，它加速了美国政府将航天飞机全部退役的进程。2011年7月，美国所有航天飞机全部退役。

关键词： 隔热材料；裂缝；残骸；安全

1.4.1　引言

2003年2月1日，"哥伦比亚"号航天飞机在完成16次科学实验任务后返回地球。然而就在美国东部时间上午9点左右，航天飞机返航途中，任务控制中心注意到了异常。航天飞机左侧机翼的温度传感器数据消失了，紧接着航天飞机左侧胎压数据也消失了。

在美国东部时间8:59:32，指令长哈斯本德回应道："收到，但……"随后通话便突然中断。此时，"哥伦比亚"号航天飞机正飞行在美国城市达拉斯上空，速度大约是声速的18倍，距离地面大约61 km。控制中心不断尝试与宇航员们重建联系，但是都徒劳无功。

1.4.2　相关背景介绍

"哥伦比亚"号航天飞机是美国最年长的航天飞机，它是最早进行太空飞行的航天飞机，首飞时间是1981年4月份，在发生事故之前，它已经执行过27次飞行任务。2003年1月16日，"哥伦比亚"号航天飞机发射升空，执行它的第28次飞行任务，即STS-107任务。这一时期，美国的航天飞机的主要任务是建设国际空间站，但STS-107任务不同，它不涉及空间站建设，基本是一次纯粹的科学研究任务。此次飞行总共搭载了6个国家的学生设计的实验项目，其中包括中国学生设计的"蚕在太空吐丝结茧"实验。"哥伦比亚"号名称的由来，是为纪念凡尔纳小说《从地球到月球》中的大炮"哥伦比亚炮"。图1-3展示的便是"哥伦比亚"号航天飞

图1-3　"哥伦比亚"号航天飞机宇航员

机出发前，宇航员走向航天飞机的场景，前排从左到右，分别是卡尔帕纳·楚拉、威廉姆·麦库和指令长里克·哈斯本德，在他们身后从左到右分别是伊兰·拉蒙、麦克尔·安德森、劳瑞尔·克拉克和大卫·布朗。

1.4.3　情节描述

2003年2月1日，美国东部时间上午9时59分，"哥伦比亚"号航天飞机进入得克萨斯上空。休斯敦地控中心记录下了最后的无线电联络信号："哥伦比亚，这里是休斯敦。我们看到你们的轮胎压力信息，但没有抄下你们最后的数据。""哥伦比亚"号航天飞机指令长里克·哈斯本德回答："收到，但……"随后失去联系，7名宇航员死亡。

"哥伦比亚"号航天飞机在重返地球大气层解体爆炸时高度约为61 km，时速约为 2.1×10^4 km，爆炸造成的碎片散落在美国南部的大片地区，如图1-4和图1-5所示。

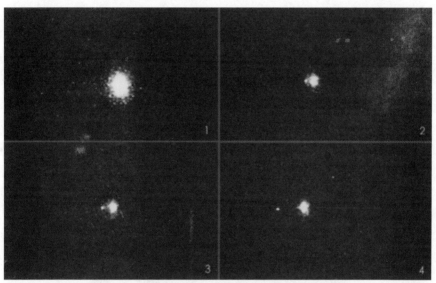

图1-4　"哥伦比亚"号航天飞机空中解体部分碎片

图1-5　"哥伦比亚"号航天飞机残骸原位重组

1.4.4　原因分析

"哥伦比亚"号航天飞机事故中所表现出来的问题，有以下几方面。

（1）生产安全。用喷射枪来覆盖泡沫隔绝材料的工艺存在缺陷，使用这种工艺经常会使材料中存在着空洞，而液氢会渗入这些空洞。在发射时，空洞中的气体因受热而膨胀，致使大部分泡沫隔绝材料脱落。虽然材料的质量很轻，但由于速度很快，它可以击穿航天飞机的机翼。

（2）公共安全。在未预知安全的情况下坚持发射航天飞机，本身就是一种不负责任的表现。

（3）社会公正。群众以及社会享有知情权，美国国家航空航天局（National Aeronautics and Space Administration，NASA）因为自身所谓的保密措施而不对外公布情况，这本身就是一个不对社会负责任的表现。NASA对"哥伦比亚"号航空飞机零部件的研判失误是对航天员个人不负责任的表现，对他们是极其不公平的。NASA不切实际的发射时程表是对宇航员个人的不公平和对生命的践踏。

（4）职业精神与科学态度。首先，NASA管理层忽视了"哥伦比亚"号航天飞机在1981年首飞时，就有碎片撞击的破坏，并更换了300多块隔热瓦（见图1-6）。79个航天飞机任务中的65个都存在泡沫脱落的影像证据。随着一次又一次的成功着陆，NASA高层似乎越来越认为脱落泡沫是不可避免的，是可以接受的风险。他们没有对工程师的建议引起重视，反而忽视，这是对职业精神的一种亵渎，他们违背了最基本的职业道德。其次，NASA在航天飞机逃生系统上的设计存在不科学性，工程师们并没有想到设计一个科学的、合理的逃生系统。

图1-6　"哥伦比亚"号隔热瓦

1.4.5　结论和启示

这次事故告诉人们，细节决定成败，在产品设计和生产过程中，必须以缜密的思维来设计产品，考虑到任何可能突发的因素，严格地把好质量关。"哥伦比亚"号航天飞机事故常是专题研究的案例，例如其中反映出工程安全、工程师的道德规范、沟通与集体决策等问题，那么是否可以考虑，把工程安全、道德规范等观念和意识的具体实践，作为工程师在取得专业执照前必须考核的内容呢？

1.4.6　思考题

（1）从"挑战者"号到"哥伦比亚"号航天飞机，到底是什么原因导致悲剧一次次地重演？在这些事故发生的背后有哪些共同的原因？

（2）"哥伦比亚"号航天飞机的事故，对我国航空航天的事业的发展，带来了什么样的启示？

（3）作为即将踏上社会、进入工程领域的大学生、研究生，如何培养自己与工程伦理相关的意识和道德规范，从而有效避免此类工程事故的发生呢？

参考文献

[1] 张玉妥，李依依. "哥伦比亚号"航天飞机空难原因及其材料分析[J]. 科技导报，2005(7): 34−37.

1.5　太阳神航空幽灵航班事件分析

内容提要： 由于地面工程师在飞行前程序中将飞机增压模式调为手动，飞机驾驶员在开始前检查清单和起飞后检查表过程中均未发现这一问题，同时飞机驾驶员在飞行过程中未识别警告和启动警告（客舱气压警告喇叭、乘客氧气面罩部署指示、主警告），并继续爬升，因此这直接导致了飞机的坠毁。本节将对2005年8月14日发生的太阳神航空522号航班事故进行简要介绍，并进行技术和伦理层面的分析和总结。

关键词： 太阳神航空522号航班；增压模式；气压警告；氧气面罩指示

1.5.1　引言

2005年8月14日，载有115名乘客的太阳神航空522号航班从塞浦路斯岛飞往希腊雅典。然而，飞机在起飞后不到半小时，突然和地面工程师失去了联络。但根据雷达显示，客机依然在空中飞行。希腊军方怀疑飞机可能遭遇了恐怖分子劫持，紧急命两架F-16战斗机升空。当战斗机到达客机附近时，飞行员看到惊人的一幕：在34 000 ft的高空，航班的驾驶室里看不到机长的踪影，副机长趴在驾驶舱的仪表板上不省人事，飞机处于无人操控状态；在飞机客舱，乘客均戴着氧气面罩，耷拉着脑袋，全部失去意识。客舱里的气氛显得阴森恐怖，整架飞机像一个漫无目的的"幽灵"一样在空中"飘浮"。突然，战斗机飞行员发现驾驶舱内有人移动，并在飞机开始向地面坠落时，对战斗机做出回应，试图操纵飞机。但飞行员却无法通过无线电联络该男子。最终，飞机在起飞近3 h后，撞向了地面，坠毁在雅典东北部的葛拉玛提山。

1.5.2 相关背景介绍

太阳神航空522号航班事故发生于2005年8月14日，该航班是一架塞浦路斯的太阳神航空（Helios Airways）波音737-300客机，班次为ZU-522（HCY 522），机身编号是5B-DBY，航程是从塞浦路斯岛飞往希腊雅典。该架飞机在1997年12月首航，是使用不到十年的新飞机。

机长为男性，59岁。他持有德国民航局颁发的航空运输飞行员执照（Airline Transport Pilot License，ATPL）。他的ATPL许可证，仪器等级为Ⅲ级，有效期至2006年6月4日，他于2005年6月2日接受客户关系管理（Customer Relationship Management，CRM）培训，总飞行时长为16 900 h。

副驾驶为男性，51岁。他持有英国民航局颁发的航空运输飞行员执照（ATPL）。他的ATPL许可证与波音737-300和737-800评级有效期至2006年3月31日，Ⅲ类仪器评级有效期至2005年10月31日，他于2005年2月28日接受CRM培训，总飞行时长为7 549 h。

在飞机运行的所有阶段，客舱增压都由数字客舱增压控制系统（Digital Cabin Pressurization Control System，DCPCS）控制，如图1-7和图1-8所示。该系统利用发动机提供的引气，并将其分配到空调系统。增压和通风是通过调节出水阀和舷外排气阀来控制的。

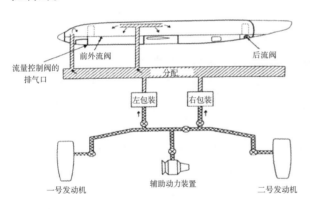

图1-7 增压系统

图1-8 加压面板

在高海拔地区，人们会出现低气压缺氧和中枢神经系统供氧减少的状况，导致人体出现各种神经和心理症状。缺氧最常见的症状是认知障碍。2015年，史密斯（Smith）进行了一项调查，列出了澳大利亚陆军直升机机组人员在海拔10 000 ft以上飞行时缺氧造成的认知、精神运动和行为症状等人体情况。最常见的症状是计算困难（45%）、头晕（38%）、反应时间延迟（38%）和精神错乱（36%）。非飞行员机组人员描述的缺氧症状明显多于飞行员。

1.5.3 情节描述

在飞机起飞后不久，驾驶舱响起了警铃声，这本是飞机在地面时才会响起的声音，用于提示机长飞机还无法起飞。机长对此感到疑惑，并用无线电联络太阳神航空操作中心。与此同时，飞机的主警报灯亮起，表示飞机上某些系统过热，接着通风冷却风扇开启，飞机开始出现飞行不平稳的状况，氧气面罩随之落下，但客舱中的乘客只能坐在位置上系好安全带，抓住氧气面罩，等待驾驶舱信息，而此时机长仍未搞清问题来源。

机长首次听到警铃响起后，误以为是起飞设定的警铃。然而这次的警铃是由于客机内的"低气压"引起的。由于这两组警铃非常相似，所以他产生了误解。飞机的加压系统由于处于手动模式，所以并没有给机舱内加压。飞机当时上升至一万多英尺的高空，机舱处于高空失压的状态，含氧量低，机舱内开始处于缺氧状态。图1-9为飞行路线。

图1-9　飞行路线

在飞机继续升空时，飞机的主警报灯亮起，由于此时的客舱处于缺氧状态，氧气面罩随之落下。而机长却依然认为是飞机的冷却系统出现问题，因此没有及时戴上氧气面罩。在缺氧的情况下，机长开始"注意力不集中—烦躁—乏力—疲倦"，直到最后因缺氧而昏迷，失去意识。飞机至此也处于"无人驾驶"的状态。而客舱中的乘客，虽然戴上了紧急使用的氧气面罩，但毕竟供量有限，飞机处于"无人驾驶"的状态也无法下降到含氧量高、气压低的高度。所以，乘客在氧气面罩中的氧气耗尽后，由于缺氧，处于"昏睡"状态。

而驾驶舱中的"神秘男子"是空服员普罗卓莫。他曾在海军陆战队进行过潜水员专业训练，身体素质异于常人，并且当时找到了备用氧气瓶，仍保持清醒。同时，他拥有商业驾驶执照，最后出现在驾驶舱目的是挽救飞机，然而由于燃料用尽，最终飞机冲向地面坠毁（见图1-10）。

图1-10　带有太阳神标志的部分飞机残骸

1.5.4 原因分析

导致事故的重点原因：飞机起飞前地面工程师开始检查，为了确保飞机舱门的密封且没有安全隐患，工程师进行了加压试验，工程师进行一系列的维修检查后，在技术日志上签字确认。工程师在检查这架737客机时将P-5开关设定为手动模式，测试完成后，他们并没有把开关转回自动的位置。数小时后准备飞行任务的522号航班的P-5开关依然是手动模式，但是两名飞行员都没有发现这一异常情况，这也导致了飞机在起飞后无法启动自动增压功能。在这方面，委员会的结论是，如果1号地面工程师没有把增压模式选择器返回到自动驾驶（Automatic，AUTO）位置，这不能被认为是一种遗漏，因为没有明确要求这样做。虽然机组人员必须确定所有选择器（包括增压模式选择器）在飞行前准备期间处于适宜的飞行位置，但是委员会认为，由1号地面工程师来验证增压模式选择器是否返回到AUTO位置是一种谨慎、可靠的做法。

导致事故的直接原因：飞行员在执行操作（飞行前程序；开始前检查清单；起飞后检查表）时，未识别座舱增压模式选择器处于MAN（手动）位置；飞机驾驶员未识别警告和启动警告的原因（客舱气压警告喇叭、乘客氧气面罩部署指示、主警告），并继续爬升。机组人员因缺氧而丧失能力，通过飞行管理计算机和自动驾驶仪导致飞行继续，燃料耗尽和发动机熄火，飞机与地面的撞击。

导致事故的潜在原因：操作员在组织、质量管理和安全文化方面的缺陷在大量审计中被记录下来。监管当局长期未能充分履行其监督职责，以确保在其监督下的航空公司的运营安全，也未能对大量审计中记录的缺陷做出充分回应。机组人员对机组资源管理原则应用不足。在对飞机系统的修改和对机组人员的指导方面，制造商对特定类型飞机发生的增压事件采取的措施无效。

1.5.5 结论和启示

太阳神航空522号航班事故是一场悲剧，表面上是一起人为因素事故，但是通过官方调查报告的结论认识到，这起事故背后也存在伦理规范问题，如质量管理、人员指导以及其他各部门都存在严重疏忽。调查报告中明确说明，调查的目的在于吸取教训，防止类似事故再次发生，也为航空公司以及相关部门提出了一系列改进建议。

每一次事故，每一起空难，都是不幸的，但是如果不从中吸取教训，没有痛定思痛、认真反思并做出改正，才是最大的不幸。如何让悲剧不重演，如何真正落实每一条用生命换来的警告，是此类事件的最终问题，值得人们深入思考。

1.5.6 思考题

（1）在执行此次飞行过程中，你认为有哪些方面可以改变最终结局？

（2）作为一名普通人，在选择飞机为出行方式时，如何最大限度保障自身安全？

1.6　航空航天事故背后的工程伦理

内容提要： 本节针对的是航空航天事故背后所涉及的工程伦理，通过略述3个相似的事故来分析其背后所隐藏的工程伦理问题。这3个事故分别是1971年苏联的"联盟11号"太空飞船事故、1986年的美国"挑战者"号航天飞机事故以及2003年美国的"哥伦比亚"号航天飞机事故。通过对3个事故的分析可知，在重大工程开展过程中，底层工程师在技术方面的建议固然重要，但如果高层决策者的工程伦理意识缺失，那么往往会酿成更大的事故。

关键词： "联盟11号"；"挑战者"号；"哥伦比亚"号；管理层；工程伦理

1.6.1　引言

人类前行的每一个足迹，都是一次不懈的探索与尝试。为追求知识、真理和光明，探索者们前赴后继，一往无前。他们以无所畏惧之心开拓着"勇敢者的航程"，谱写着壮丽的乐章。

1.6.2　相关背景介绍

本节所分析的3个案例均是由类似原因导致事故的经典案例，在航天事业发展过程当中，具有一定的警醒和教训意义。事故的出现，迫使各国的航天局开始重视航天工程各个阶段的可靠性，并采取一系列措施来完善航天工程中的意见反馈过程和决策管理。

1.6.3　情节描述

1. "联盟11号"太空飞船

1971年4月19日，苏联成功地发射了世界上第一座空间站——"礼炮一号"。随后，1971年6月6日，"联盟11号"太空飞船升空。"联盟11号"航天员自左至右分别是指令长格奥尔基·多勃罗沃利斯基、实验工程师维克托帕查耶夫和飞行工程师弗拉季斯拉夫·沃尔科夫，如图1-11所示。

图1-11　"联盟11号"航天员

本次飞行计划是完成"联盟11号"太空飞船与空间站顺利对接，并保证宇航员在太空中停留，开展科学实验。这一次，他们成功了，3位苏联宇航员完成了与世界上第一座空间站的对接并顺利进入了"礼炮一号",在里面共停留了23天18小时22分,除了进行一系列的天文观测外,还开展了失重状态下植物的生长情况观测,进行了一些医学方面的实验,获得了很多珍贵资料和数据。对接期间,他们还成功实施了两次空间站轨道抬升工作。

在当时美苏争霸的背景下,他们的壮举为苏联赢得了荣誉,成为全苏联的英雄。是时候返回地球了。莫斯科时间1971年6月29日下午,3位宇航员完成任务,驾驶"联盟11号"与"礼炮一号"空间站脱离,开始返回地球。6月30日凌晨1点35分,飞船开始执行大气层进入程序:启动反推火箭减速降低高度,随后返回舱与轨道舱分离。意外正是从此刻开始的:返回舱的压力阀被震开,密封性被破坏,导致宇航员所在的返回舱内空气快速泄漏,舱内迅速减压。这是致命的,他们根本来不及做过多反应,就因急性缺氧窒息,以及体液沸腾而死亡。

2. "挑战者"号航天飞机

1986年1月28日,"挑战者"号航天飞机执行第10次飞行任务,即航天飞机的第25次飞行,任务代号STS-33。7名航天员分别是:前排自左到右,驾驶员迈克·史密斯、指令长弗朗西斯·斯科比、任务专家罗纳德·麦克奈尔;后排自左至右,任务专家埃里森·奥尼祖卡、教师克里斯塔·麦考利夫、载荷专家格里格·贾维斯、任务专家朱蒂丝·雷斯尼克(见图1-12)。其中的教师麦考利夫是从11 000多名教师中精心挑选出来的,计划在太空为全国中小学生讲授有关太空飞行的科普课。

图1-12 "挑战者"号航天飞机飞行员

"挑战者"号航天飞机于11点38分起飞,起飞后地面控制人员同航天员进行正常通话,信号显示一切正常。第73 s时,飞行高度为16 600 m。航天飞机突然闪出一团亮光,外部推进剂贮存箱凌空爆炸,航天飞机被炸得粉碎。

事后查明,事故的原因是右侧固体发动机助推器的一个密封圈失效,喷出的火焰烧穿液氢推进剂贮存箱引发爆炸。爆炸发生后,2枚失去控制的固体发动机助推器脱离火球,成V字形,喷着火焰向前飞去,眼看要坠入人口稠密的陆地,控制中心人员通过遥控装置将它们引爆。航天飞机结构解体,轨道飞行器结构在强大气动力作用下被破坏,导致7名航天员全部丧生。

3."哥伦比亚"号航天飞机

2003年1月16日，"哥伦比亚"号航天飞机发射升空，执行航天飞机第28次飞行任务，参与这次飞行的有6名美国航天员和1名以色列航天员，如图1-13所示。

图1-13　"哥伦比亚"号航天飞机飞行员

在16天的太空飞行过程中，航天员进行了80多项各种学科失重试验和地球科学研究试验，取得了重要成果。1月28日，美国空军地面监测设备拍摄的运行中轨道器图像，未发现异常。2月1日，"哥伦比亚"号航天飞机结束了飞行任务并开始返航，在进入大气层后，轨道器左翼内的温度逐渐异常，一些温度传感器相继因过高的温度而失效。图1-14为地面拍摄的航天飞机返回时轨道器的图片，显示其左翼有羽流状物质流出。强烈摩擦产生的超高温空气进入左翼内部，异常高温使左翼结构材料失去了原有性能，左翼破损，进而导致整个轨道器迅速解体，7名航天员全部遇难。

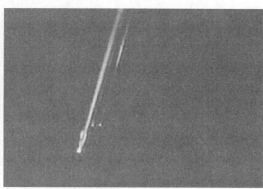

图1-14　"哥伦比亚"号航天飞机返回时轨道器的图片

事后查明，"哥伦比亚"号航天飞机起飞1 min后，一块尺寸为500 mm×400 mm×150 mm、重约为2.7 kg的泡沫防热层出现松动和破损，最终导致"哥伦比亚"号航天飞机于返航途中因超高温气体入侵而彻底解体。

1.6.4 原因分析

1. "联盟11号"太空飞船事故原因分析

（1）直接原因："联盟11号"太空飞船的设计存在缺陷。由于飞船座舱空间过于狭小，为了容纳3位宇航员，他们必须脱掉航天服，换上简单的运动服才能坐得下，而航天服是宇航员极端环境下生存的必要物品，这就让宇航员在升空和返回时暴露于危险之中。

（2）根本原因：苏联领导人在与美国争创三人航天纪录的过程中一意孤行、刚愎自用。为了超越美国的航天技术，在竞赛中成为赢家，苏联领导者决定用原本只能载2个人的飞船超额载3人，为了在狭窄的空间中多增加1个座位，设计师放弃让航天员穿着航天服，取而代之的是简单的毛纺制品。设计方案当即遭到了工程师的强烈反对，但他们正确的建议却被苏联航天部门负责人否决了，而这为宇航员升空和返航埋下了巨大的隐患。这一决定，让3位宇航员付出了惨重的生命代价。事后，苏联航天部门负责人卡马宁将军被解除了职务。

2. "挑战者"号航天飞船事故原因分析

1986年1月27日的夜晚，莫顿公司的工程师以对O形圈在低温下的密封性能的担忧为基础，建议不要在第二天早晨发射"挑战者"号航天飞机，并指出虽然技术证明尚不完整，但却有迹象表明在温度相对较高时会导致致命的爆炸。但莫顿公司的高级副总裁梅森认为工程师们的数据并不是结论性的，最终并未采纳他们的建议，做出了发射的错误决定，于是第二天，在火箭发射后的73 s后，"挑战者"号航天飞机爆炸了，除了遭受的生命惨重损失外，这次灾难还摧毁了价值数百万美元的设备，并使NASA声誉扫地。

做出于1986年1月28日发射"挑战者"号的决定是错误的。由于O形密封圈在这之前曾出现了不少问题，所以承包商锡奥科尔公司提出书面建议，反对在11.6℃以下温度时发射航天飞机，但该建议被NASA的马歇尔航天中心（负责固体火箭助推器的发射安全）的发射管理当局驳回。锡奥科尔公司的工程师们一直坚决反对发射，罗克韦尔公司（负责承包助推器的发射后处理和修复再用）也认为，由于发射台上有冰凌，所以发射是不安全的。但据说这些情况均未反映到发射决策人那里，因而使他们在不了解情况时做出了当天发射的错误决定。

除此之外，事故的间接原因有：

（1）发射"挑战者"号航天飞机的决策存在许多问题：①没有侧重抓安全的完善机构，对O形圈方面出现的问题没有注意；②没有正视工程师提出反对发射的意见。

（2）没有一个机构来宣传和掌握对发射应制定或取消什么样的约束条件。放松对发射的约束条件就降低了飞行安全的可能性。

（3）马歇尔航天中心作为保障飞行的部门，理应同有关部门接头和联系，但它却有一种不良倾向，把隐患包揽起来，企图自己解决，而不同外界联系。

（4）在马歇尔航天中心的催促下，锡奥科尔公司一反过去的观点，不顾本公司大多数工程师的反对，建议发射"挑战者"号航天飞机，这是错误的。

（5）此次事故有其历史渊源。连接设计本来是错误的，但NASA和承包商不承认错误，不予修改，最后当作可以接受的飞行风险处理，直到连接问题日益严重时，NASA在书面和口头报告中仍大事化小，锡奥科尔公司则说"情况虽然不理想，但可以接受"。管理当局从来没有提出过重新设计现场连接处，也没有提出等解决问题后航天飞机再起飞的要求。

（6）缺乏安全计划。在事故调查中，反映情况和作证的人没有提到过NASA的安全员，没有人提到某件事的可靠性工程师是否同意，质量保证人员是否满意；在一些极重要的会议上，也没有安全代表、可靠性和质量保证人员参加，甚至1月28日做出发射决定的飞行管理队伍中也没有安全代表参加。

3. "哥伦比亚"号航天飞机事故原因分析

决策者对微小事故抱有侥幸心理。"哥伦比亚"号航天飞机在发射时，有一块比公文包还小的泡棉从燃料箱上脱落，泡棉撞击到了左翼前缘，撞了一个直径约为25 cm的洞。航天局的工程师发现后，一直很担心泡棉撞击的效应，他们曾提议让主管下令拍摄卫星照片，检查航天飞机在轨道飞行时机翼的损坏情况，但航天局的主管却拒绝了。

中心控制部飞行控制师杰弗里·科林在灾难前23 h，惊人地预测了"哥伦比亚"号航天飞机在降落过程中过热空气渗入轮胎舱后发生的恐怖情景，并且建议立即着手让航天员做好"弹射逃生"的准备。

但是这一预测，并没有得到NASA高层的注意，因为他们担心全面调查会延误完成空间任务的时间，调查报告中写道："白宫、国会和航空航天高层不断施加压力，要求减少或冻结航天飞机的操作费用。而最终结果是，安全和技术支持被耽误，航天飞机的构造得不到及时改进。"最终酿成了机毁人亡的惨重代价。

4. 3个事故原因综合分析

通过3个事故的分析可以发现，底层工程师的建议固然重要，但高层决策者的工程伦理意识缺失，往往会酿成更大的错误。航天事业是关系国家科技实力的一个领域，事故的出现往往会造成很大的人力和物资损失。因此，在航天工程开展的各个阶段，要足够重视底层工程师们对于隐患现象的反馈，在关键领导和决策方面，应当考虑选用一些具有扎实的工程基础的工程师，以保证所采取的决定是更加合理、可靠的。

1.6.5 结论和启示

1971年8月17日，苏联完成了"联盟11号"太空飞船事故的调查报告。此后，为吸取教训，亡羊补牢，避免类似悲剧再次发生，有关部门采取了一系列措施：一是每次飞行改为两名航天员一组，直到1980年"联盟号"飞船和航天服经过改进后，才恢复三人组载人飞行；二是在所有复杂飞行阶段，如发射、对接、脱离和返回过程中，航天员必须穿着航天服；三是飞船增加了快速加压的应急措施，增加了氧气瓶和氮气瓶作为应急使用；四是飞船增加了化学电池，以补充或代替太阳能电池的不足或防止损坏。

"挑战者"号航天飞机事故调查结束后，有关部门提出了整改建议和措施：①固体发动机段间连接密封原设计有错误，应予以修改，所提出的方案，不得以借口进度、成本或因依赖现有硬件而过早予以排斥；②必须复审航天飞机的计划机构，凡项目投资、工作分工和计划等重要信息，均不得再绕过全国空间运输系统经理；③宇航员可以把经验带入工作管理岗位；④危险部件审查和隐患分析，NASA和航天飞机主承包商应对危险部件进行复审和隐患分析，若查出问题在飞行前必须纠正，以保证飞行安全，此工作可直接向NASA局长报告；⑤成立安全机构，NASA应成立安全、可靠性和质量保证办公室，主任由副局长担任，直接向局长报告工作；⑥加强通报，马歇尔航天中心存在着管理孤立主义，计划管理人员未能将这次飞行的"挑战者"号航天飞机的有关安全问题充分、及时地通报有关人员及部门。

"哥伦比亚"号航天飞机调查委员会发表了长达248页的最终调查报告。报告指出了导致事故的直接技术原因，并认为NASA管理部门对航天飞机的失事有着不可推卸的责任，管理层长期以来安全意识淡薄、不善于学习总结、缺乏强效安全文化和有效的制衡机制，其影响不亚于泡沫撞击，需要彻底地改革。后来调查委员会也进一步提出了确保航天员安全等数十项改进意见。

有些事故的出现，往往是细微的隐患被忽视导致的，也是本可以避免的。通过3个案例分析可以知道，一个工程的成功，往往是由各个阶段的工程师们扎实的工程知识和敏锐的洞察力，以及管理层的正确决策共同实现的。作为还在读书的学生，应当牢固掌握所研究领域的基础知识，增强自己的工程伦理意识，只有这样，才可以在未来的航天工程中，承担起自己应有的责任。

1.6.7　思考题

（1）工程师在产品设计时，应如何提高产品的安全性？
（2）工程师在面临产品缺陷问题时，应怎样降低生产风险？

参考文献

[1] 吴国兴. 国外载人航天事故于原因分析[J]. 中国航天, 1993(8): 34−35.

[2] 17年前的挑战者号爆炸事件[J]. 中国航天, 2003(3): 29−30.

[3] 王先常. "挑战者"号航天飞机事故的调查报告梗概[J]. 国际太空, 1986(10): 1−9.

[4] 李昊. 工程师承担伦理责任的困境及对策研究[D]. 西安: 陕西科技大学, 2015.

[5] 王洪奎, 杨汝平. 泡沫塑料是毁掉哥伦比亚号航天飞机的祸首[J]. 导弹与航天运载技术, 2004(6): 48.

1.7　泰坦尼克号事故

内容提要： 1912年4月2日，当时被称为世界上设计最豪华的英国皇家邮轮——泰坦尼克号完工。1912年4月10日泰坦尼克号首航，最终目的地是美国纽约港，船上共载有2 224人。这次航行过程中泰坦尼克号擦撞上一座冰山，损坏了水密隔舱，致使泰坦尼克号邮轮沉没，船上2 224人中仅幸存710人。从工程伦理学角度来看，泰坦尼克号邮轮沉没的主要原因与船体的设计、船上人员的责任意识和安全意识有关。

关键词：泰坦尼克；船难；伦理

1.7.1　引言

泰坦尼克号沉没事故是1912年4月14日深夜至15日凌晨在北大西洋发生的著名船难，高速航行的泰坦尼克号擦撞上一座冰山，损坏了水密隔舱，最终导致沉没，1 514人遇难。

1.7.2　相关背景介绍

1912年4月2日，英国皇家邮轮泰坦尼克号完工，它是奥林匹克级邮轮姊妹舰中的第2艘，也是当时全世界最大的水上交通工具之一。泰坦尼克号可容纳3 547人，并且兼具极高的速度和舒适度。

1912年4月10日12时，泰坦尼克号载着920名乘客离开英国南安普敦港展开首航，首段航程先穿过英吉利海峡，18时30分到达第一个停靠港——法国瑟堡，并搭载274名乘客，20时10分离港。4月11日11时30分到达爱尔兰的皇后镇（现在的科芙），这里是第2个停靠港，搭载123名乘客和更多货物后，于当天13时30分离港，正式航向美国纽约。当泰坦尼克号横渡北大西洋时，共载有2 224人，其中有892名船员和1 332名乘客。

船长由泰坦尼克号营运商白星航运最资深的英国皇家海军上校爱德华·约翰·史密斯担任，他当时62岁，有40年的航海经验，曾获得"皇家海军预备役军官长期服役奖章"，也担任过奥林匹克号的船长。与此同时，由于当年冬季较温暖，大量冰山从格陵兰西海岸剥离并随着拉布拉多洋流南下。

1.7.3　情节描述

1.冰山警告（9时至23时29分）

1912年4月14日，泰坦尼克号的电报员收到其他船舶发出的6次消息，警告海面上出现浮冰。当年4月的冰情是过去50年所有4月中最严重的，但瞭望员不知道他们即将驶入数平方公里宽的浮冰区。因为并非所有气象消息都由电报员传播，当时所有远洋客轮电报员都是马可尼无线电报公司的雇员，而不是该船的船员，他们的主要职责是为付费乘客收发电报消息，船只之间的气象报告反而是其次要职责。有4条电报警示了大量冰山的存在，但泰坦尼克号并没有收到电报消息。船长尽管知道有冰山存在，但并没有放慢速度，并以22 kn（极限船速24 kn）的速度持续航行。

2.碰撞（23时40分）

23时39分，泰坦尼克号驶入冰川巷9 min后，瞭望员范德瑞克·弗莱特在泰坦尼克号的路径上看见了一座冰山，距离仅剩约450 m。泰坦尼克号立即减速并改变航向，避免了迎头对撞，但是这个改变也使该船以擦撞的方式冲向障碍物。冰山沿着船的右舷在水面下大约接触了7 s，几分钟后，所有发动机都停了下来，船首朝北，在纽芬兰南部的拉布拉多洋流中漂流。

3.救生艇下水逃离（0时40分）

1912年4月15日0时40分，首个救生艇从泰坦尼克号上撤离并成功抵达海面，船上只载有10余人（最大载客量为65人）。直至2时15分，泰坦尼克号完全沉没。

1.7.4　原因分析

（1）船体设计缺陷，尤其是水密隔舱，其壁顶部没有封闭，而是开放式结构，这样进水严重的时候，水是会从一个水密隔舱的上部溢到相邻水密舱内的，整个水密隔舱设计形同虚设，如图1-15所示。

（2）为了省钱，铆钉质量不一，且采用的钢板过脆，受到撞击很容易直接断裂。事实上泰坦尼克号船侧被划开了数条长条形豁口。

（3）船上的安全与救生器材均未经过适当测试。船上甚至没有公共广播系统，只能靠服务员到各房间通知，在原本就不及时的弃船指令发出后，又额外耽误了大量的逃生时间。

（4）为了保证视野宽阔的海景走廊，仅携带了20艘救生艇，如图1-16所示。而原本设计的则是可以携带68艘，每艘容纳65人，足以保证所有人登艇。然而出于场面失控、船员经验严重不足等原因，仅有的20艘救生艇均没有满员就急忙驶离正在沉没的泰坦尼克号。

P～M：螺旋桨搏动轴道舱
M～L：蒸汽锅轮发动机室
L～K：往复式发动机室
K～D：锅炉房
D～A：前货舱
A：首尖舱

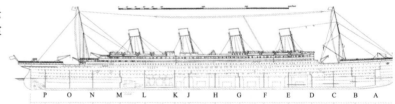

图1-15　泰坦尼克号船体设计

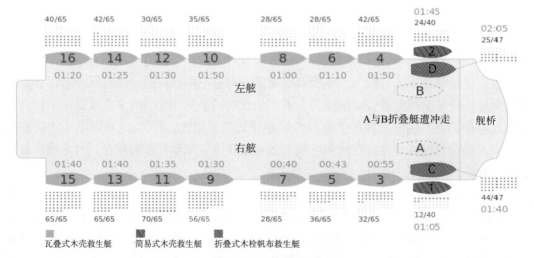

图1-16　救生艇位置

1.7.5 结论和启示

泰坦尼克号沉船悲剧发生的原因首先在于人们对安全的漠视。电译员不及时送报，大副、二副不及时向船长汇报，船长的自信狂妄使下属层层轻视报警电报，他们讨厌真实的报忧。即使在撞到冰山沉没之前，还要乐队演奏温馨的音乐，让乘客认为无碍，以至于浪费了大量的逃生时间。

其次，船体本身的设计问题很大。当时的船体的水密隔舱顶部都是开放式设计，这在当年是行业传统，所以错误的设计也是安全隐患之一。

不仅是船难，泰坦尼克号沉船事故对其他安全伦理问题也有着指导意义，比如密闭式大型商场的消防问题，在平时应常备灭火装置和火灾报警装置，消防通道应有明确标识等。

1.7.6 思考题

（1）如何看待这起沉船事故？

（2）如果你在泰坦尼克号船上，面临救生艇严重不足的问题时，你愿意将生还的希望留给他人（主要是妇女和儿童）吗？

（3）如果你在一艘救生艇上，而且还有空位置，你愿意驶回救助那些落在海水中的人吗？要知道回去施救意味着自己也可能落水遇难。

参考文献

[1] 巴拉德, 陈养正. "泰坦尼克号"沉船的发现: 断裂与最终沉到海底[J]. 中国科技翻译, 1999(3): 62.

1.8 关于法航447号航班的反思

内容提要： 2009年6月1日，法国航空447号航班从巴西里约热内卢加利昂国际机场飞往法国巴黎戴高乐机场。该航班共搭载216名乘客以及12名机组人员。航班配有一名法航中经验丰富的机长和两名副机长。航班搭载的燃油刚好可以抵达目的地。凌晨1时33分，航班正常起飞后便进入了巡航状态。凌晨1时49分，航班飞离雷达监控范围。此后航空公司无法联系航班。飞机以正常巡航姿态飞行到大西洋赤道附近时，机长去休息了，两名副机长接管飞机。此时，飞机遇到风暴，低温导致空速管损坏。副机长手动操作飞机。由于两名副机长操作混乱，因此导致飞机失速坠毁。航空公司在飞机预计到达时间未见到飞机，判断后宣布飞机失事。2011年3月25日，搜索队在海底打捞到飞机"黑匣子"，揭开了飞机失事的真相。

关键词： 法航；飞机失事；操作不当；工程伦理

1.8.1 引言

飞机失事有很多种原因，如飞机解体、发动机熄火、晴空乱流导致飞机失控，飞机遭劫持、导弹袭击等。航空史中曾有一架客机在空中"神秘消失"，那就是法航447号航班。

2009年6月1日，法国航空447号航班是从巴西里约热内卢加利昂国际机场飞往法国巴黎戴高乐机场的国际航班。航班共搭载216名乘客以及12名机组人员。客机在大西洋上空巡航中坠入海中，机上人员全数罹难，是法国航空成立以来伤亡最惨重的空难，亦为空中客车A330型客机投入营运后的首次空难。

1.8.2 相关背景介绍

失事飞机为法国航空447号航班，是由巴西里约热内卢加利昂国际机场飞往法国巴黎戴高乐机场的国际航班。法国航空447号班机所使用的型号为空中客车A330-203型，使用通用电气CF6-80E1型喷射发动机，制造商系列号为660，在法国飞机注册编号为F-GZCP，在2005年2月25日首飞，失事前已飞行18 870 h，在2009年4月16日客机曾入厂接受大规模的修理。失事飞机是该机型投入运营后发生的首次空难。

法航447号航班计划在当地时区时间5月31日22时03分从加利昂国际机场起飞，预计6月1日上午9时10分到达巴黎。447号航班机长为58岁的马克·杜波伊斯，他有累计10 988 h的飞行经验，其中在空客A330的飞行时间为1 700 h，他是法航中最富有经验的机长之一。副驾驶之一是37岁的大卫·罗伯特，他累计飞行6 547 h。第二副驾驶是32岁的皮埃里·凯德里克·伯宁。航班共搭载216名乘客以及12名机组人员。这架客机一共装载了70 t航空燃油。考虑到飞机每分钟要消耗100 kg航空燃油，70 t其实不算多。由于客机质量过大，而燃油储备又不是特别充足，可以说储备燃料没有多少富余，所以大的路线修改几乎不可能，否则机组就只能亮着油量警报灯降落了。

法航447号航班失事的地方，处在赤道低气压带，两半球的季风在这里汇合，天气变化无常，很容易引发猛烈的风暴。夜间，飞机通常会改变航道以避开这片易发的风暴区。除了风暴之外，闪电也可能造成无可挽回的后果，特别是在飞机上的绝缘材料有瑕疵存在时，飞航系统可能遭到损坏，从而引发其他的问题。

1.8.3 情节描述

5月31日22时03分（当地时区时间），447号航班从加利昂国际机场起飞。预计6月1日上午9时10分到达巴黎。

凌晨1时33分，447号航班报告称，他们将在50 min内进入塞内加尔空中管制区域，当时客机正位处巴西东北海岸565 km，在10 670 m高度以840 km/h速度巡航。

凌晨1点49分，该架客机离开巴西雷达监控范围，进入大西洋中部的雷达盲区。

2 h后，塞内加尔管制员尝试联系法航447号航班，但是却没有联系上。他们随即联系法国航空公司，得到的是否定回答。法国航空公司唯一获取的消息是客机几小时前发过来的24条维修信息。一名法国航空公司维修员尝试联系447号航班，也没有得到回复。他们判断可能是飞机的通信系统故障。高频无线电通信在晚上通常不可靠，所以在失踪期间，人们都感觉是通信系统出了问题。

到了客机预定到达法国本土的时间，管制员依然没有联系到447号航班。他们按照时间推测，正常情况下，飞机的燃油已被耗尽。航空公司开始通知乘客家属，飞机失联意味着，基本上确定在大海里坠毁。

6月1日下午，447号航班失联的消息传遍全球，飞机失事的消息也震荡了整个航空业。

2011年3月25日，法国调查和分析局启动最后一次搜寻计划。他们利用水下载具在飞机最后位置方圆37 km进行搜索。最终，搜索人员在位于飞机最后位置东北方向12 km，深度4 000 m的地方找到了飞机残骸。随即进行的第二轮搜索中，搜索人员通过潜艇搜寻到了飞机的"黑匣子"。幸运的是，"黑匣子"在海底待了2年，里面的数据仍然保存完好。调查人员得以通过获取数据分析出了当时的情况。

录音显示，事发40 min前，机长杜波伊斯还在驾驶席上，副驾驶伯宁坐在右边。447号航班正飞向风暴区域（正常情况下飞行员会尝试在风暴上飞过，但在跨大西洋航线的这个阶段，这样做是危险的。35 000 ft高空，空气稀薄，飞机在满载情况下很难爬升）。这时另外一个副驾驶大卫·罗伯特接替了机长的工作，以便机长得到充分的休息。飞机由两名副驾驶在操控，但他们的分工并不明确。当客机遇到一大团冰晶时，分工上的混乱最终引爆了大问题。冰晶冻住了皮托管，空速读数出现错误，突然间飞行员们不能得到准确的空速读数，自动驾驶系统被切断，进入人工操作模式。副驾驶伯宁拉杆，抬起机头，飞机发出失速警报，但两名飞行员并不清楚失速警报一直响的原因。罗伯特不清楚客机的状态，飞机一直在爬升，空速一直在下降。罗伯特决定控制飞机，他尝试着降下机头。但意想不到的是，伯宁仍在拉杆，相当于两个人的操作相互抵消，飞机的飞行姿态并没有改变。这时罗伯特叫来了机长。杜波伊斯扫视着整个仪表盘，试图解决问题，但飞机坠落的速度太快，完全没有给他们足够处理危机的时间。当杜波伊斯终于知道，是伯宁一直拉杆造成失速时，一切都为时已晚，在高度2 000 ft的位置，高度传感器检测到了海面并触发了新的警报。最终，飞机失速撞向海面。

1.8.4　原因分析

法航447号航班的航线途经赤道低气压带，两半球的季风在这里汇合，天气变化无常，很容易引发猛烈的风暴。夜间，飞机通常会改变航道以避免这片易发的风暴区。447号航班飞向风暴区域，正常情况下飞行员会尝试在风暴上飞过，但在跨大西洋航线的这个阶段，这样做是危险的。35 000 ft高空，空气稀薄，飞机在满载情况下很难爬升。飞行员只有两个选择，直接飞进风暴或者尝试绕过去。但是由于客机质量过大，而燃油储备又不是特别充足，也就是说燃料没有多少富余，所以大的路线修改几乎不可能。在这样的情况下，飞行员只能选择冒险从风暴中穿过。从这可以看出，法航447号航班设计本身就存在问题。从事研发活动的科学家、工程师和航空公司将利润和效率放在了首位，而忽略了对公众的安全、幸福的关注。为了增加飞机载客量，他们减少了飞机燃油量，导致失事飞机在面对灾难时无法做出正确的选择去避免灾难，而只能选择冒险。涉事公司没有考虑工程风险,对意外风险没有进行良好的预防和控制,也没有本着以人为本的原则,充斥着狭隘的功利主义。

法航447号航班在穿越风暴时,航班机长是不在场的。原本在面对这样的极端情况时,机长应当在驾驶室操作。机长离开时也未对飞行工作进行妥善安排。因此,本次事故与机长未履行机长的职业规范,未司其职,违背了作为机长的职业道德和社会道德有一定关系。

在本次事件中,两位副驾驶分工不明确,以至于操作相反,并且当警报响起时,两位副驾驶居然不知道警报响起的原因,体现出两位副驾驶的飞行训练不达标,协作能力不合格。两位副驾驶的行为与职业道德不符,在工程事故应急处置中没有做到协调联动,违背了风险防范的基本原则。这是本次事故发生的最主要原因。

1.8.5 结论和启示

法航447号航班在赤道低气压带遭遇风暴。工程师和航空公司将利润和效率放在了首位,而忽略了对公众的安全、幸福的关注。为了增加飞机载客量,他们减少了飞机燃油量,违背工程伦理和职业道德,导致失事飞机无法绕过风暴。同时,在机长违背职业道德和社会道德,未能及时履职,以及副驾驶违背个人道德、社会道德和职业道德,经验不足,训练不够,协作不合格等综合原因下,飞机失事。

本次事故带给公众很大的启发。在工程实施的过程中:工程师应当遵循工程伦理,以公众的生命财产安全为第一要素;公司和工作人员应当遵循职业道德、社会道德和个人道德,加强训练和协调能力,切实履行好自己的职责,保证公众的安全。

1.8.6 思考题

(1)如果失事飞机减少载客量,增加载油量,那么本次事故可能避免吗?

(2)如果机长在场或者安排好分工,那么本次事故结局可能改变吗?

(3)涉事公司应当怎样加强飞行员训练?

参考文献

[1] 杨茂林, 罗渝川. 法航447航班事故名析与安全对策[J]. 电子技术, 2020, 49(6):29-31.

1.9 黑龙江伊春 "8·24" 特别重大飞机坠毁事故

内容提要: 2010年8月24日,河南航空E190机型B3130号航班飞机在黑龙江省伊春市林都机场降落时发生事故,机上44人死亡,52人受伤,直接经济损失达3亿元人民币。空难发生的直接原因是机组在飞机无法降落时仍然进行着陆,导致人员伤亡。经查明,黑龙江伊春 "8·24" 特别重大飞机坠毁事故属于责任事故。

关键词: 黑龙江伊春;航空;坠毁

1.9.1 引言

河南航空E190机型B3130号航班飞机在哈尔滨—伊春飞行任务中，于黑龙江省伊春市林都机场降落时发生事故，造成机上大量人员伤亡，经济损失达3亿元。

1.9.2 相关背景介绍

1.飞机情况

失事飞机是由巴西航空工业公司生产的E190机型客机，在2008年12月取得了中国民用航空局的适航证。机舱分为公务舱和经济舱两种舱位。这架飞机装有美国通用公司生产的两个发动机。截至事故发生当天，该航班的总航程为5 109.6 h，共计4 712个航班起降。

该机适航性良好，在当天的飞行中无任何问题，所有的系统和发动机都能正常工作，燃料质量符合标准，实际的起飞质量和重心都在允许的范围之内。当天的班机上共有96名乘客，全部都经过了安检，没有被免检。

2.机组情况

2名飞行员——机长齐全军和副驾驶员朱建州，都拥有合法的飞行执照，都经过了严格审查。他们都是首次在伊春林都国际机场执行任务，值班时间符合规定，健康状况良好。

3名机组工作人员——乘务长卢璐、安全员廉世坚和乘务员周宾浩，都持有合法证件。

3.机场及当日气象情况

伊春林都机场位于黑龙江省伊春市东北部，是一座国际性的大机场。2009年8月26日，中国民航东北管理局组织该机场开放许可审批和机场行业验收，第二天该机场正式启用。

事故发生当天，机场导航、助航设施设备运行良好，通信设施运行良好，机场道面、跑道、围界等一切正常，没有任何鸟类活动。

事故反生当晚，机场地面附近温度较低，产生了浓雾，很大程度上影响了低空飞行。据机场气象台公布的当天晚上的天气情况，晚上7点时能见度很高，晚上9点时，机场气象台又发布了紧急天气预告，机场能见度急剧下降，能见度很低。

1.9.3 情节描述

1.事故发生经过

事发当晚8时51分，飞机于黑龙江省哈尔滨市太平国际机场正常起飞，预计在50 min后到达目的地伊春市，随后进行为时5 min左右的下降任务。晚上9时16分，飞机准备降落时，接到塔台通知——林都机场地表大雾弥漫，能见度太低，不具备降落条件，飞机需在空中盘旋等待地面指令。晚上9时33分，在飞机于机场上空盘旋十多分钟后，机长通知管控中心可以看见跑道。管制员随即发布着陆许可证，并提醒机长440 m为最低下降高度，接到指令后飞机开始降落。据一名幸存者回忆，飞机降落时明显感觉到不同于往常的推背感。

飞机着陆时轮子与地面发生猛烈撞击，飞机被弹起后又重重落下，乘客尽管系着安全带，也被重重弹起，伴随着一声巨响，机身着火，管控中心值班员远远就能看到刺眼的火光，值班人员立即启动一级应急预案，消防与医护人员第一时间赶到现场，后续又有救援组织赶来，参与救援的人数多达100人。

由于事发地在机场的铁丝网外，四周杂草丛生，不利于救援与搜索，再加上当天地面大雾，能见度不足200 m，救援进展比较缓慢。机身内被困人群惨叫连连，浓烟弥漫于整个机身，大火开始由飞机油箱内燃起，机舱门与应急出口由于严重变形无法打开，外面的救援人员束手无策。所幸，有一部分被困人员，通过机身破洞逃出飞机，但就在人员撤离进行到一半时，飞机发生大爆炸，未能及时逃出的乘客最终丧生。

事件发生后，河南航空立即取消包括处在待飞状态在内的所有航班，并停飞所有同型号客运飞机，当地监管部门紧急成立专案组调查此次事件。调查结果显示，飞机的出事地点并不在跑道内，导致飞机坠毁的直接原因是飞机在降落过程中，由于地表雾气太大，影响视线，在距离跑道入口110 m处，与树发生大幅摩擦。因为下降过程中下降率偏小，飞机临近地表时速度依然很快，所以飞机失去平衡，与地面接触的一瞬间，飞机发生巨大摩擦，两侧发动机直接掉落，左边飞机机翼由于倾斜断裂，油箱受损，燃油开始泄漏，飞机失去控制冲出到距离跑道入口690 m处才停下，机腹产生裂口，这个裂口就是当时唯一的出口。

2.处置情况

调查组紧急进行严谨缜密的分析，最终在2012年6月29日，国家安全生产监督管理局公布了此事件的调查报告，报告中明确指明，机长齐全军有严重操作失误，违反飞行手册工作规定，在飞机距离地面高度低于标准高度的情况下，强行降落，导致飞机人为坠毁，齐全军被除去党籍与公职，并被追究刑事责任。当时齐全军还没有清晰地看到跑道时，就通知管控中心：可以清晰地看到跑道。其实此时视野中还有一些雾气，齐全军让副驾驶朱建忠放心，表示一定会顺利穿过雾气，随即将自动驾驶模式改为人工操作模式。

据悉机长齐全军在空军服役期间表现不佳，经常出现下滑道过低的问题，也因此被多次批评。在河南航空工作过程中，齐全军也屡次出现下降率过小与着陆目测偏差过大等问题，这样的工作表现在公司的机长里，属于最差的，而这位机长所犯的错误远不止于此。事故发生后，齐全军作为机长并未指挥乘客撤离，就连身边已经奄奄一息，被重物压着的副驾驶向他求救时，他也没有伸出援助之手，反而第一时间推开身边的窗户逃走，被人发现时竟然毫发无伤。相反，意外发生后，机务长在浓烟中大声指挥人群撤离，乘务员费尽力气将后座舱门打开，有将近20名乘客从那里撤离，安全员一直在试图打开变形的舱门与应急出口，只有齐全军当了逃兵。

1.9.4 原因分析

1.直接原因

首先,机长违反了河南航空的相关规定。按照河南航空相关规定,机长首次执行伊春机场飞行任务时能见度最低标准为3 600 m。事发前,伊春机场管制员向飞行机组通报的能见度为2 800 m。但机组成员没有认真考虑这种情况下,发生事故的概率会大幅提高,依然实施降落,造成严重伤亡。

其次,飞行员在进入辐射雾时,没有看见机场跑道,也没有建立着陆点必要的视觉参照,就实施降落,违反了中国民用航空局《大型飞机公共航空运输承运人运行合格审定规则》的相关规定。

最后,在飞机坠毁之前,飞行员虽听到了无线电高度的声音,但没有看到跑道,也没有采取任何措施,而是盲目地降落,造成了飞机撞击地面。

2.间接原因

(1)航空公司的管理问题十分突出。机长在飞行过程中,认识上存在着较大的随意性,以及执行公司的操作规程不严谨等问题。根据河南航空的飞行技术管理档案,机长齐全军不仅在进近着陆的问题上屡次犯错,在其他方面也有很多处理不当的行为。河南航空对机长齐全军在操纵技术上的粗糙、进近着陆不稳等问题一直没有引起应有的重视。

(2)飞行员的分配不合理,各单位的人员协作能力差。第一次在伊春机场执行飞行任务的飞行员配合不够好,存在一定的安全隐患;人员沟通不顺畅,无法相互提醒验证,这样会增加人为犯错的概率。

(3)空勤人员的紧急培训不能满足中国民航局及河南民航飞行训练大纲的要求。深圳空勤人员培训中心、河南空勤人员培训中心没有E190机型的机舱门和机翼上的机舱门训练仪,使得一些飞行员并没有进行过打开舱门的实操训练。河南航空用替代方式进行紧急培训,但未向上级通报,从而影响到机组应急训练的质量,降低了飞行员的应急处理能力。

1.9.5 结论和启示

经调查认定,河南航空黑龙江伊春"8·24"特别重大飞机坠毁事故是一起责任事故。机长和相关人员都受到了相应的惩罚。对于这种本不应该发生的灾难,人们应该做出反思。与飞行安全有关的部门应该加强对航空企业的监管,应当增强飞行员的安全意识和责任意识,提高技术水平,加强飞行技术的训练。

1.9.6 思考题

(1)造成这次事故的主要原因是什么?
(2)为防止这类航空事故再次发生,应该采取什么措施?

参考文献

[1] 李金桀,朱伟光,张英士,等.调查、救治、复航[N].光明日报,2010-08-27(6).
[2] 本报记者.国务院批复河南航空黑龙江伊春"8·24"特别重大飞机追魂事故调查报告[N].中国安全生产报,2021-06-30(2).

1.10　美国联合航空232号班机解体事件

内容提要： 1989年7月19日，执飞美国联合航空232号航班（UA/UAL232）的道格拉斯DC-10客机的二号发动机（位于尾翼基部）因为风扇叶片制造的瑕疵，运转时叶片脱离，损坏了机上全部三套液压系统，导致各翼面的控制功能失效。在无舵面工作的情况下，机组人员在原本坐在后舱中的一位非值勤飞行员的帮助下，靠着控制仅存的2个发动机调整飞行方向，尝试让班机在艾奥瓦州苏城（Sioux City, Iowa）紧急迫降，而被称为"苏城空难"。在飞机迫降时，不幸发生机身翻覆的情况，最终造成285名乘客中有112人丧生，11名乘务人员中有1人丧生的悲剧。

关键词： 飞机解体；DC-10；工程伦理

1.10.1　引言

一架载有296人的DC-10飞机，发动机突然爆炸，三套液压系统全部失效。此时的飞机相当于一辆高速行驶的汽车突然失去了刹车和方向盘。那么为了保证飞机能够平安降落，在飞机零件方面人们应重视哪些问题？

1.10.2　相关背景介绍

1989年，丹佛市是美国科罗拉多州最大的城市。而位于丹佛市北边的斯特普尔顿国际机场，从1929年到1995年期间，一直是丹佛市最重要的一座机场。1989年7月19日下午1点10分，美国联合航空232号班机的飞行计划是从科罗拉多州斯特普尔顿国际机场起飞，经停伊利诺伊州奥黑尔国际机场并上下旅客后，继续飞往宾夕法尼亚州费城国际机场。执飞此次航班的飞机，是道格拉斯DC-10初级客运版本：DC-10-10。它是一架有着近18年机龄的三发动机中远程宽体客机，虽然比波音747的载客量要少，但航程却相对更长，可以在较小机场使用短的机场跑道起降，是当时波音最有力的竞争者。此次航班的机长是阿尔弗雷德·海恩斯，57岁，在美国联合航空公司工作了33年，拥有29 967 h的飞行经验，其中在DC-10飞机上有7 190 h的飞行经验。副机长威廉·比尔，48岁，拥有20 000 h的飞行经验，其中在DC-10飞机上有655 h的飞行经验。他和机长海恩斯一样，在开民航飞机前，都曾是美国部队的战斗机飞行员。飞机工程师杜德利·约瑟夫·德沃夏克，51岁，有15 000 h的飞行经验，虽然在DC-10飞机上只有33 h的飞行经验，但在此之前，他在波音727上，已经积累了1 903 h的飞行经验。

1.10.3 情节描述

1989年7月19日，美国联合航空232号航班离开了斯特普尔顿国际机场，突然，一声巨大的爆炸声之后，飞机开始剧烈抖动，机长海恩斯终于在剧烈抖动的仪表盘上看到了问题所在，原来是飞机垂直尾翼底部的二号发动机发生了故障。下午3点17分，机长关闭了二号发动机，并要求飞机工程师为故障的发动机执行发动机关闭检查。随着二号发动机的关闭，飞机停止了剧烈抖动，飞机高度开始下降，机身逐渐向右倾斜，如果不及时将飞机调平，机身很快就会翻过来，然后坠毁。另外，飞机上三个液压系统中的液体压力和液压油数值都为零。液压系统是飞机的命脉，它可以将机师操作杆的指令传送到机体的控制面，如升降舵、方向舵、襟翼和附翼等部位。如果液压系统失灵，飞行员将无法通过控制操作杆来控制飞机。通常为了避免出现这种紧急情况，飞机上都装有不止一套液压系统，比如这架DC-10上就配备了三套各自独立的液压系统，其中任何一套都可以维持飞机的正常飞行，但现在飞机上能控制的，只有左右两个发动机的功率。下午3点18分，机长海恩斯当即决定，将飞机左侧的发动机降到怠速状态，然后加大右侧发动机的功率，飞机慢慢恢复了平飞，但飞机只能右转，造成偏航，无法到达预定的目的地，必须尽快降落。

下午3点22分，空管员给出建议，可以在艾奥瓦州的苏城机场迫降。就在机组人员引导飞机降落在苏城机场时，飞机开始起伏运动，并且高度还在持续下降。3点26分，机长让一位资深的空乘服务员进入驾驶舱，让其准备紧急迫降事宜，空乘服务员告诉机长，飞机上有一位正好休假的美国联合航空飞行员兼DC-10飞行教官，希望可以进入驾驶舱提供帮助。此人正是丹尼斯·爱德华·费奇，46岁，有23 000 h的飞行经验，其中在DC-10飞机上有2 987 h的飞行经验，重点是他曾在模拟器上进行过类似的情况练习。飞机发生故障后，苏城机场位于飞机的左侧，若在此机场迫降，就需要左转弯，但此时飞机只能右转，机长海恩斯决定利用两个发动机，让飞机一直做右转掉头的动作，希望飞机在跌落地面之前，可以对准苏城机场的跑道。3点35分，飞行员目视到了苏城机场，正常状态下飞机应当减速做最后的进场程序，但由于液压系统失灵，襟翼无法伸展，如图1-17所示。

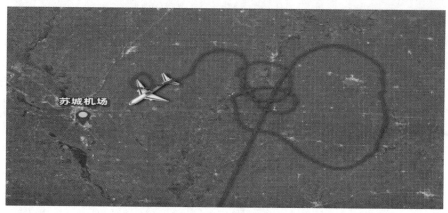

图1-17 飞机迫降

下午3点41分09秒，苏城空管员持续不断地为美国联合航空232号航班提供苏城机场的方位、距离以及一切可以降落的场地信息等。下午4点0分16秒，飞机在22号跑道中心线稍微偏左的位置上重重着陆，右翼先触及地面，巨大的冲击力将右翼扯下，泄露的燃油立即被点燃，飞机尾部被折断，脱离机身，而大部分的机身，快速朝22号跑道右侧滑行，滑行途中机身还翻滚了几次，机头扎进了土里并脱落，剩余的中间客舱连同飞机左翼继续向前冲，最终在跑道附近的玉米地里停了下来，如图1-18所示。

图1-18 中间客舱停在地面

机上296人有185名幸存者，其中重伤47人，轻伤125人，13人没有受伤，机上52名儿童有11名不幸离世，一位重伤乘客因伤势过重抢救无效身亡，最终此次空难共造成112人死亡。

1.10.4 原因分析

根据调查，风扇盘因为金属疲劳而爆裂，爆裂产生的金属碎片击穿了飞机尾部很多地方，其中就包括三套液压管线。更进一步调查发现，金属疲劳是冶金缺陷造成的。在之前的维护中，检查人员没能发现金属疲劳裂纹。美国国家运输安全委员会最终出具了这起空难调查报告，美国联合航空没有充分考虑到人为因素的局限性，导致未能检测到一条位于风扇盘的关键区域中的疲劳裂纹。另外，发动机公司存在生产漏洞。

1.10.5 结论和启示

虽然美国联合航空232号航班紧急迫降造成了112人死亡，但机组成员的此次迫降依然受到外界高度评价。此次迫降能有众多幸存者，除了运气外，还有赖于良好的沟通、准备、执行和合作。机组成员各司其职，沉着应对困难，这些都值得学习。

1.10.6 思考题

（1）此次空难在一定程度上和检查人员没有发现金属疲劳裂纹有关，存在人为因素的局限性。在工程设计中，应如何克服人为因素的局限？如何平衡人工操作？

（2）最近几年，民航业连年亏损，用于飞机维护的资金也在不断缩水，但是飞机维护工作质量不能下降，有什么办法能够解决这一矛盾？

（3）企业如何进行安全管理？

参考文献

[1] 许德智. 复杂飞行器鲁棒容错控制技术研究[D]. 南京: 南京航空航天大学, 2013.

[2] 百度百科. 联合航空232号航班事故[EB/OL]. （2015-06-12）[2022-10-20]. https://baike.baidu.com/item/%E8%81%94%E5%90%88%E8%88%AA%E7%A9%BA232%E5%8F%B7%E8%88%AA%E7%8F%AD%E4%BA%8B%E6%95%85/7328238?fr=ge_ala.

第2章 计算机、信息、智能工程

2.1 "听音识人"技术背后的工程伦理问题

内容提要： 由于每个人在讲话时发音容量大小与发音频率不同，因此声纹就像指纹一样具有独特性。中国科学院计算技术研究所（简称"中科院计算所"）的博士生温佩松主导开发出一种"听音识人"的AI技术，只需1 s就能够将声音和正确人脸进行匹配，且拥有较高的准确率。算法专家认为这项工作能够有效地降低伪造视频的风险，帮助公众进行辨别。但从工程伦理学的角度出发，该技术可能带来一些让人意想不到的问题。

关键词： "听音识人"；AI技术；工程伦理；安全隐私

2.1.1 引言

继"刷脸"之后，声音识别也已进入人们的生活。因为自身生物特征的特殊性，声纹识别将在更多领域得到更为广泛的应用。中央电视台《挑战不可能》节目曾经介绍过这样一门绝技：只通过听声音就可以判断一个人的长相、情绪甚至性格。这门绝技的拥有者是四川大学教授王英梅。"听音识人"，看脸和声音是否匹配，这项"黑科技"如今被中科院计算所的23岁博士生温佩松变成了现实，还可以有效防止视频诈骗。

2.1.2 相关背景介绍

"听音识人"听起来很玄乎，实际上并不难解释，声纹就像指纹一样具有唯一性和独特性。在人工智能和机器学习领域，声纹识别也具有很重要的地位。在经历过智能手机的指纹识别与人脸识别之后，人们对生物识别有了一定的认识。而声纹识别，本质上与指纹识别、人脸识别没有什么不同，是安全系数更高一些的生物识别技术。

所谓声纹识别，就是将声音信号转换为电信号，再利用计算机进行识别的技术，简而言之，就是通过声音辨别说话人身份的技术。与人脸、指纹和虹膜识别相比，声纹识别有着诸多优势。相较于虹膜与人脸识别，声纹资料收集方式更自然，无须进行眨眼、摆动脸部等特定动作，不受光线或隐私等特定场景的约束，人们接受度更高；

相较于指纹，声纹是非接触式的，因此可以应用于远程操作，通过电话、应用程序（Application，简称"APP"）等渠道传达语音到后台进行识别，使用成本低而且方便快捷。

2.1.3　情节描述

中科院计算所23岁的博士生温佩松主导开发出一种"听音识人"的AI技术，只需1 s就能将声音和正确人脸进行匹配，准确率接近90%。据他说，灵感来源于一个电视节目，节目里一位教授听声音就可以判断长相。经过调研以后，温佩松发现事情可行，当即开展了工作，主要研究方法就是找数据，搭模型。该技术是一种自适应的学习框架，用来挖掘和学习人脸与声音的潜在联系，该研究成果随即也被CVPR 2021（计算机视觉三大顶级会议之一）接收。

现有研究表明，人脸和声音受到年龄、性别、生理结构及语言习惯等共同因素的影响，两者的联系强烈而复杂多样。温佩松介绍，中科院和阿里安全的研究团队将公开数据集中两种类型的数据到共享空间中，从而达到跨模态匹配的目的，在学习策略上利用了数据集的局部和全局信息，提高了模型的学习效率和效果。

通俗来看，声音可能是音频格式，人脸是图片格式，即两类信息以不同的格式存储，难以比较，所以研究者将声音和人脸"翻译"成了同一种格式的信息，让AI模型可以对两种信息之间的关联自行学习。AI学会了两种信息的关联性之后，就能帮声音找到人脸，或者帮人脸找到声音。因此，AI的这项技能不仅可以"听音识人"，还能"见人知声"。

"AI换脸"技术实际上蕴含着巨大的风险：只需上传一张照片，就可以让人们的脸随着音乐享受欢乐，但它同时也让人无从判断视频的真伪。阿里安全图灵实验室的资深算法专家认为这项工作能够有效地降低伪造视频的风险，帮助公众进行辨别，保护用户的财产和信息安全；如果在登录账户时采用该技术，能够帮助判断使用者是否为用户本人。

2.1.4　原因分析

众所周知，物体振动时产生声波，通过空气传到人们的耳膜，经过大脑的反射被感知为声音。音有高低、强弱、长短和音色四种主要性质。发音体的振动是由多种谐音组成的，其中有基音和泛音，泛音的多寡及泛音之间的相对强度决定了特定的音色。振幅、频率是传统语音识别重点研究的对象。而若要像人脸识别那样去研究人与音的对应关系，则需要深入研究音色的组成——谐音。这也是未来这项技术进步的要点，但也可能会引发下述的伦理问题。

1.算法落地前

（1）准确性问题。根据前面的原理，如何提高准确率？如何挖掘更多可以表达音色的特征？

（2）安全问题。如何避免别人冒用声音，例如录音的方式？如何防止黑客使用挟持音频用于攻击？

（3）隐私问题。如何保证保存的用户音频特征不会被窃取或者贩卖？如何保证用户的隐私权？

2.算法落地后

（1）未经同意获取数据。像现在人脸识别泛滥一样，是否能避免有些人未经同意开始肆意收集他人的语音特征，给他人生活带来不便的问题？

（2）语音权。是否需要一个关于"语音权"的新法律，来包含人们由于新的技术带来新的维权问题？

2.1.5　结论和启示

"听音识人"，是一种新兴的技术，但它也蕴含了一定的工程伦理问题。能够预见的是，如果此技术成熟的话，的确可以在未来为人们带来更多的便利。然而，如何提高"听音识人"技术的准确率，如何预防该技术所能带来的各种问题，例如，如何防止有人盗用别人的声音侵犯别人的权利等，都是人们需要面对并处理的。正如人脸识别技术刚出现时，出现了照片刷脸、人像雕塑刷脸等一些问题。

2.1.6　思考题

（1）"听音识人"这项技术可行吗？

（2）如果将"听音识人"技术像人脸识别技术一样应用到付款中，你可以接受吗？

（3）"听音识人"技术可能会带来哪些问题？

参考文献

[1] 胡超, 傅根跃. 听音识人: 语音频谱与人格特质的关系初探[J]. 心理科学进展, 2011, 19(6): 809-813.

[2] 中科院23岁博士生主导研发AI听音识人技术1秒就能匹配声音和人脸[EB/OL].（2021-04-22）[2022-10-20]. https://baijiahao.baidu.com/s?id=1697711846823322625&wfr=spider&for=pc.

[3] 视觉信息处理与学习研究组.Seeking the Shape of Sound: An Adaptive Framework for Learning Voice-Face Association[EB/OL].（2021-03-02）[2022-10-20].http://vipl.ict.ac.cn/news/research/202108/t20210827_34665.html.

2.2　"棱镜门"事件中的个人隐私和国家安全

内容提要：2013年6月，美国中央情报局（Central Intelligence Agency, CIA）前雇员斯诺登向媒体曝光美国国家安全局和联邦调查局代号为"棱镜"的秘密项目。这个项目以反恐、维安名义维护国家安全进行，得到国会授权和白宫批准。"棱镜"直接接入苹果、微软、谷歌和雅虎等九大互联网公司的中心服务器，针对境外非美国人搜集情报，用户的电子邮件、在线聊天和信用卡信息等都无密可保。斯诺登揭出的美国渗透中国网络、监听俄罗斯领导人电话和英国监听20国集团峰会与会首脑电话等事实表明，"棱镜"被滥用，严重侵犯民权和个人隐私权，并且沦为美国维护全球战略优势、谋取网络霸权地位的工具。

关键词： "棱镜"；互联网公司；个人隐私；国家安全

2.2.1　引言

2013年6月，斯诺登因在中国香港揭露美国的"棱镜"计划，披露了美国情治机构长期监控包括中国在内多国公众网络活动的绝密项目，遭到了美国的全球通缉。"9·11"事件后，美国国内反恐需求剧增，监控计划确实是预防恐怖袭击的有效手段之一，但是公民的隐私权、个人自由在多大程度上可以让步国家安全，这是"棱镜门"最大的争议。

2.2.2　相关背景介绍

主要人物：斯诺登，美国中央情报局前技术分析员。2013年6月，斯诺登将美国国家安全局关于"棱镜"监听项目的秘密文档披露给了《卫报》和《华盛顿邮报》，随即遭美国政府通缉，事发时人在香港，随后飞往俄罗斯。作为CIA前雇员，斯诺登违反了政府部门的职业准则，泄露了国家秘密，被一些政客称为叛国者、卖国贼。作为社会公民，斯诺登仍保持内心良知，也被人称为英雄，认为他维护了普通大众的隐私，并强烈谴责美国政府的这一行为。

行业：在"棱镜"事件中，谷歌和苹果等互联网行业都处于监控的名单中，全球社交网站甚至企业网站时刻都处在严密的监控中，导致企业及个人用户的信息安全受到威胁。

2.2.3　情节描述

2013年6月，美国中央情报局前雇员爱德华·斯诺登将两份绝密资料交给英国《卫报》和美国《华盛顿邮报》，并告知媒体何时发表。按照设定的计划，2013年6月5日，英国《卫报》先扔出了第一颗舆论炸弹：美国国家安全局有一项代号为"棱镜"的秘密项目，要求电信巨头威瑞森公司必须每天上交数百万用户的通话记录。6月6日，美国《华盛顿邮报》披露称，过去6年间，美国国家安全局和联邦调查局通过进入苹果、微软、谷歌和雅虎等九大网络巨头的服务器，监控美国公民的电子邮件、聊天记录、视频及照片等秘密资料。美国舆论为之哗然。

美国决策者意识到，互联网在越来越多的国际事件上可以成为达到美国政治目的、塑造美国全球领导力的有效工具。2011年，以"脸书"（facebook）和"推特"（twitter）为代表的新媒体，贯穿埃及危机从酝酿、爆发、升级到转折的全过程，成为事件发展的"催化剂"及反对派力量的"放大器"。同样，类似的事件也在突尼斯和伊朗等国都上演过。

这项代号为"棱镜"的高度机密行动此前从未对外公开。《华盛顿邮报》获得的文件显示，美国总统的日常简报内容部分来源于此项目，该工具被称作是获得此类信息的最全面方式。一份文件指出，"国家安全局的报告越来越依赖'棱镜'项目。该项目是其原始材料的主要来源"。

2.2.4　原因分析

美国之所以能在全球范围内实施网络监控，主要因为其背后庞大的互联网产业。美国具备了国际互联网产业市场的绝对统治力。第一，全球范围内的网络空间的实际控制权在美国手中。第二，全球范围的网络服务器数据库中最大的10台在美国。第三，最新的信息技术在美国快速发展。第四。美国有能力在全球范围内进行网络监控，并不是美国政府的单方面力量，其中也离不开美国政府和世界上各大主要互联网公司间的密切合作。

2.2.5　结论和启示

这一事件体现了许多的伦理问题。

首先，我们从良知与职业准则上探究伦理问题：在美国，一些政客、议员将斯诺登称作叛国者、卖国贼，并质疑他是"中国间谍"。斯诺登作为在政府部门供职的人，必须遵守政府部门的职业准则，必须知道什么该说、什么不该说。这话听起来很有道理，若是工作人员随随便便地将工作内容透露出去，肯定是违反纪律，也有违职业道德。然而，这有一个前提，那就是政府制定的政策、开展的工作、内部的规定等，必须是合法的，必须是合乎公共道德的，必须是符合社会公众利益的。否则，任何人都可以提出反对意见。

其次，我们来讨论大数据的伦理道德：在"棱镜门"事件中，全球社交网站甚至企业网站时刻都处在严密的监控中，导致企业及个人用户的信息安全受到威胁。人们当然希望企业、政府能一身正气将信息用在便捷工作生活上，但获取的程度却难以界定，由此引起信息伦理问题。信息数据流通是不可避免的，微信、QQ等应用的使用都会绑定手机号，购买东西实名认证也要使用身份信息，隐私总会通过不同的方式泄露出去。面对大数据洪流的信息伦理，网民应该加强个人隐私不透露和他人隐私不侵犯的自律意识；网络技术人员应当一方面发展数据保密技术保护他人隐私，一方面加强自身的职业道德不去侵犯他人隐私；大数据下政府相关部门应当探索制定具有针对性和细化性的法律法规。

最后，我们从国家安全与个人隐私上讨论伦理问题：国家权力来源于公民权利，是公民基于维护自身利益和自由的需求，依法让出部分权利和自由从而形成国家权力。"没有公民权利，国家权力就失去了存在的根源；同样，没有国家权力，公民权利也就得不到有效保障。"在我国，国家利益同个人利益在根本上是一致的，无数的个人利益汇集成了国家利益，而国家利益也包含着个人的利益，维护国家安全的最终目的就是为了公民个人自由的实现。因此，保护个人隐私自由不仅有利于维护和保障国家安全，也有利于个人隐私自由的实现。

2.2.6 思考题

可以从哪些方面去制定个人隐私与国家安全之间的衡量措施?

参考文献

[1] 陈印昌, 朱新光. "棱镜门" 事件及共对我国政治安全的影响和启示[J]. 云南社会科学, 2014, 199(3): 23-27.

[2] 陈一鸣, 吴刚, 张卫中, 等. "棱镜门" 让世界重新审视网络安全[N]. 人民日报, 2014-03-31(21).

[3] 邹强. 后 "棱镜门" 时代如何加强网络安全[N]. 法制日报, 2014-05-27(11).

2.3 人脸识别中的隐私保护问题: 关于人脸隐私保护的思考

内容提要: 信息化、数字化、智能化为核心的数字社会化过程, 使得个人隐私遭受侵犯的问题凸显, 以人脸识别技术为代表的各类新技术, 一直在人们普遍的隐私焦虑、微弱的隐私保护和无奈的隐私交换中快速推进。本节将通过杭州动物园 "中国人脸识别第一案", 面部识别应用服务公司Clearview AI窃取客户名单, 多家知名品牌利用门店摄像头非法收集人脸数据等相关案例, 探讨人脸识别的隐私保护问题。

关键词: 人脸识别; 隐私保护

2.3.1 引言

清华大学劳东燕教授的一篇微信公众号文章 "人脸识别技术运用中的法律隐忧" 在朋友圈热传, 个人信息泄露已经成为现代网络社会每个人都有感受的事情, 许年人都收到过电信诈骗电话或指名道姓的广告推销电话, 这些亲身经历以及媒体非法使用个人信息案件的大量报道, 使得人们使用个人信息的安全感下降, 越来越多的人对此感到焦虑和担心。

2.3.2 相关背景介绍

案例一:

2019年4月, 郭兵在杭州野生动物园办理了一张年卡。为了方便园方进行身份核验, 郭兵录入了姓名、手机号和指纹等信息。但是在2019年10月, 园方将年卡用户的身份核验系统由指纹识别改为人脸识别。郭兵不愿意被强制刷脸, 于是将杭州野生动物世界告上了法庭。该案被业界和媒体称为"国内人脸识别第一案"。

案例二：

在最近几年，一家成立于2016年的面部识别应用服务公司Clearview AI被推上风口浪尖。这家公司，在2019年以来，受到了美国科技巨头的密集围剿：推特、谷歌、脸书、领英等社交网站都要求该公司删除其从推特用户公开资料中收集到的数据，苹果则关闭了该公司的开发者账户，禁止其继续分发当前软件的iOS版本。

案例三：

在2021年3月15日举办的315晚会上，曝光多家知名品牌利用门店摄像头收集人脸数据。在未告知也未经客户允许的情况下，商家将搜集到的人脸数据用于客户信息分析，其中不乏科勒卫浴、宝马及Max Mara等知名品牌。

2.3.3　情节描述

案例一：

杭州市富阳区法院审理后认为，动物园在经营活动中使用指纹识别和人脸识别等生物识别技术，其行为本身并未违反法律规定的原则要求。但是，在合同履行期间将原指纹识别方式变更为人脸识别方式，属于擅自变更合同的违约行为，应当承担法律责任。

法院一审宣判，野生动物世界赔偿郭兵合同利益损失及交通费共计1 038元，删除郭兵办理指纹年卡时提交的包括照片在内的面部特征信息。对这样的结果，郭兵并不完全满意：法院仅支持了删除自己照片在内的面部特征这一项，而主张指纹识别和人脸识别相关格式条款内容无效的四项诉讼请求，未得到法院支持。一审判决后，野生动物世界依然沿用仅能通过人脸识别入园的格式条款，这使得这桩诉讼某种程度上，成为"没有胜诉的胜诉"。

案例二：

Clearview AI这家公司做了什么，引得互联网巨头群起攻之？原因在于Clearview AI会从众多科技巨头旗下的互联网平台中采集海量的图像到自己的数据库中，据悉已累积了超过30亿张照片。在他们的客户提供了一个目标对象的照片后，他们就会尝试将其与数据库中任何相似的图像进行匹配，找到所有这些图像出现的位置和具体内容，并提取出关键信息，生成这个人的一份详细档案。

根据该公司被窃取的客户名单显示，美国移民和海关执法局、国土安全部、美国司法部、美国联邦调查局和地方警察局等美国执法部门，共有2 200多家政府机构和私人公司使用了该公司的服务。

在媒体的追问之下，Clearview AI 的创始人承认，他们正在实现这样的功能：让警察戴上AR眼镜，就能看出街上每一个行人的姓名、工作、联系人。

案例三：

科勒卫浴公司在其全国上千家门店都安装了具有人脸识别功能的摄像头，消费者只要进入其中一家装有人脸识别功能的门店，就会在完全不知情的情况下，被摄像头抓取信息并自动生成编号，此后顾客在其任意一家门店的信息，都会被商家第一时间掌握。

通过对人脸识别数据进行分析，商家更容易得到顾客画像，并可以借此判断顾客的好恶以及消费意向和消费水平，甚至利用大数据"杀熟"。

2.3.4　原因分析

信息时代下人们的生活越来越趋于数字化，每个人每天都会浏览大量的网络信息。数据泄露有的是由个体的隐私风险意识不强导致的，有的是由出于各种利益和动机主动的隐私交换引起的，有的是由信息监管不力所产生的。

第一，大众风险意识不强是信息泄露的重要原因，面对商家的"小恩小惠"许多人都没有防范意识，轻易选择将个人信息泄露出去，如在公共厕所使用人脸识别装置免费获取卫生纸等。有一些人缺乏信息保护观念，使得不法商家和个人有机可乘，在法律监管缺位的情况下大肆窃取个人信息，如手机App采取"征询—同意"的模式，但这种"征询"往往是强制的，使大量隐私信息被获取。

第二，商家为获取更多的数据商业价值，也是信息泄露的重要原因。网络大数据时代商家意识到数据包含着巨大商业价值，因此会利用各种途径获取个人隐私信息，如一个简单的App就要开通20多项访问权限，几乎掌控了用户手机的全部隐私。

2.3.5　结论和启示

处理义务：合法、正当、必要是前提，不超限度是关键。

按照《民法典》第一千零三十五条的规定，对个人信息的处理行为或手段，包括对个人信息的收集、存储、使用、加工、传输、提供、公开等七种行为。其中，信息处理者所需承担的禁止性义务包括：不得非法收集、使用、加工、传输他人个人信息，不得非法买卖、提供或者公开他人个人信息。而对于按照合法、正当、必要原则进行个人信息处理时，需承担不得过度处理义务，并符合单独授权、规则公开和透明等要求。

简单来说，在遵循合法、正当、必要原则前提下，对个人信息过度处理的行为，属于违法行为，对个人信息的处理不满足单独授权、规则公开和透明等要求的，也构成违法。其中，所谓"过度"处理，包括在七种处理行为中，有超过必要限度处理、超范围处理或超限制处理等情形。比如，类似郭兵诉杭州野生动物世界一案中，杭州野生动物将留存的用户照片，未经用户允许用以人脸识别系统使用等。此外，类似仅获得了个人信息收集等单一处理行为授权，但超范围或超限制对个人信息进行了存储、使用、加工、传输和公开等多种处理行为。值得关注的是，面部特征信息和肖像具有"一体两面"的性质或特点，用户肖像被采集，也就相当于用户的面部特征信息被采集了。

因此，如果采集过用户肖像的企业或平台，也就相当于采集了用户的面部特征信息，那么，后续对于此类信息的处理，如果涉及应用到人脸识别场景中的，需要单独获取用户的授权。

2.3.6　思考题

在列举了这些人脸隐私数据被侵犯的案例之后，请讨论有哪些方法可以用来保护人们的面部数据不被非法侵犯。

参考文献

[1] 王俊秀. 数字社会中的隐私重塑: 以 "人脸识别" 为例[J]. 探索与争鸣, 2020, 364(2): 86-90.

[2] 刘耀文, 谢忆楠, 赵丽, 等. "刷脸" 时代隐私保护亟待全速跟进[N]. 法治日报, 2017-09-19(5).

[3] 吴帅帅. "刷脸第一案" 杭州开庭[N]. 新华每日电讯, 2020-06-22(5).

2.4 脑机技术与思想钢印工程伦理问题

内容提要: 随着神经科学对人脑信息编码和加工机制的深入揭示以及脑机接口技术的日益革新, 脑机接口的范围和精度得到了快速扩大和提升, 应用场景也越来越广泛。伴随着技术与应用的发展, 潜在的伦理问题逐渐暴露。本节结合脑机接口研究进展, 分析其可能存在的安全、隐私、知情同意等问题, 提出降低伦理风险、让脑机接口更好地服务人类的建议。

关键词: 脑机技术; 思想钢印; 思维控制; 工程伦理

2.4.1 引言

随着脑机技术的发展, 科技将能操控人类的感觉器官, 控制人类的思想, 随之而来的工程伦理问题值得发人深省: 如果 "学习让我快乐" 这个信念, 就像 "煤球是黑色的" 这个简单命题一样在学生的脑中根深蒂固, 不容置疑, 是不是学生就会消除一切惰性, 像花朵迎着太阳一样, 向着 "学习让我快乐" 这个简单信念奔跑, 无怨无悔。这就是科幻小说《三体》中所描述的 "思想钢印" 的效果, 相信这样的工程伦理问题迟早会出现, 对于技术问题与伦理冲突的讨论是非常有必要的。

2.4.2 相关背景介绍

近年来, 脑机技术进步神速。2020年4月, 脑机接口领域再次迎来重大突破: 使瘫痪者成功恢复运动能力, 触觉准确率高达90%。4月23日,《细胞》(Cell) 杂志刊登了一篇来自美国俄亥俄州Battelle研究所和俄亥俄州立大学 Wexner Medical Center 的重磅研究论文, 介绍了一个通过脑机接口 (Brain-Computer Interface, BCI) 系统来恢复严重脊髓损伤的患者手部触觉和运动能力的案例。在这项研究中, 研究人员评估了一种假设, 即通过脑机接口技术, 破译来自受损手部的残余感觉神经活动, 并将其动态转换为用户可以感知的闭环感觉反馈, 从而潜在地增强感知功能。同时, 由于触觉对于运动控制至关重要, 因此, 除了单独恢复触觉, 脑机接口技术有望让脊髓损伤患者仅仅通过一只手，便恢复触觉和运动功能。由此，研究人员在患者皮肤上放置了电极系统，并在他的大脑运动皮层中植入小型记录芯片。这种芯片不仅有机会使瘫痪患者恢复正常运动，还可以恢复触觉。研究人员表示，与偶然性相比，他们在实验中达到了 90% 的准确率。

如今，人工智能在某些方面已经能够毫不费力地战胜人类。早在2016年AlphaGo击败围棋冠军李世石的那一刻，人工智能就披上新的荣光，人类创造出的模拟人脑神经处理机制的人工神经网络，已经具备了某些方面超越人类的"高智商"。对此，很多人认为，在这个由人工智能和"其他所有生物"组成的未来中，人类只有一条出路："变成人工智能"。正如埃隆马斯克所说："我认为未来人类智力会被 AI 甩在身后，脑机接口可以让我们跟上 AI 的脚步。所以，让人脑和机器连接很重要。"

2.4.3　情节描述

脑部是人类的神经中枢。作为人体最重要的器官之一，它承担着维系人类生存的基本任务。与此同时，几乎所有的高级神经活动都在脑部完成。如果将人体视为一台电脑，那么大脑就是运算核心。普通电脑可以通过外接硬盘、外接显卡及外接内存等方法提高性能，所以有科学家认为，这样的"改良"同样可以适用于人脑。这种观点的产生，最终形成了研发脑机接口的动力。而至于脑机接口的火热，或许有部分原因来自人工智能的飞快发展和威胁论的甚嚣尘上。

从2012年巴西世界杯上，身着机器战甲的截肢残疾者，凭借脑机接口和机械外骨骼开出了一球，到2016年斯坦福大学神经修复植入体实验室的研究者们往两只猴子大脑内植入了脑机接口，使猴子创造了新的大脑控制打字的记录——1 min内打出了莎士比亚的经典台词"To be or not to be.That is the question"，再到目前全球已有超过五十万人正在使用将接收到的声音通过处理转换成电信号，并将电信号传输到植入内耳的植入体，然后大脑对传来的信号进行处理，让听觉障碍患者得以听到声音的人工耳蜗设备，脑机接口领域已有很多里程碑事件。

2020年4月，一个由加州大学旧金山分校Edward Chang实验室的研究团队打造的新型人工智能系统，可根据人脑信号来生成文本，准确率最高可达97%。该人工智能系统使用了一种全新的方法来解码脑皮质电图：通过植入大脑的电极，来获取皮质活动中所产生的电脉冲记录。

另外，2020年3月，在Nature杂志的副刊《神经科学》上面，来自美国加州大学旧金山分校的研究人员发表了一项新的研究，他们利用机器学习的方法，可以把脑电波信号直接翻译成有意义的语音和文字，翻译准确度得到了大幅提高，最低错误率只有3%。这次脑机语言翻译的出现，意味着人类的交互方式出现了新的形式，也就是由大脑信号直接转化为语言信号，可以帮助卒中偏瘫、渐冻症或者其他因神经系统疾病而丧失语言功能和沟通能力的人恢复语言沟通能力。

2020年1月，浙江大学医学院附属第二医院也通过脑机接口技术，让一位因车祸而造成第四颈髓层面损伤并四肢瘫痪的病人，获得了用"意念"来控制机械臂，从而进行握手、拿饮料及吃油条等操作。

总之，人类对脑机接口的研究不论是技术水平和研究团队规模已有质的飞跃，其发展正在走向高潮，技术不断有新突破，相关企业数量不断增加，相关应用和热度也开始攀升。

2.4.4 原因分析

自脑机接口技术产生起，伦理问题随之而来。特别是随着这一领域的加速发展，其带来的伦理问题就显得更为突出和重要，也得到学界的广泛关注。

（1）安全风险。脑机接口的首要问题是安全问题。在众多采集大脑信号的技术中，脑电技术成本较低，信号的时间分辨率较高，在脑机接口中使用更为广泛。如在神经反馈训练、使用脑机接口控制外界机械臂中，多采用非侵入式头戴设备采集人脑头皮电信号。虽然安全无创，但信号质量不高。若采用侵入式设备，将电极植入到颅腔内脑皮层中，收集到的信号质量更高，定位更加准确，如菲尔•肯尼迪（Phil Kennedy）当时使用侵入式电极信号收集数据，相比非侵入式脑电设备，如利用皮层脑电P300信号响应获取信号来解析，可以更加精确有效地实现交流。还有一些技术比如人工器官，则是需要使用侵入式技术才可以实现相应功能。但侵入式设备对个体意味着较大的创伤和更高的风险。在植入电极过程中可能会使大脑组织产生局部机械损伤。

（2）知情同意问题。脑机接口的知情同意难点在于一类特殊的病人——闭锁综合征患者，他们无法实现与外界交流。将知情同意定义为病人或者研究对象的自愿行为，其允许专业人士对其采取医疗措施，或被纳入研究项目中。意味着双方需要就决策本质，干预措施的合理选择，每种选择相应的风险、利益和不确定性等进行讨论，同时评估研究对象的理解程度和对干预的接受程度。然而闭锁综合征病人的问题在于，他们究竟能多大程度上代表自己的意愿，他们可能被判定为无民事行为能力的人，需要在别人的帮助下表达意愿。同时，医生和研究人员究竟在多大程度上正确解释了被试的意愿也是一个问题。

（3）准确性风险。由于大脑中信号庞杂纷扰，从中提取信号并解析信号的技术仍需发展，对于信息准确性尚无可靠评定。另外，大脑与行为之间的关系也非常复杂，大脑由多种信号共同决定一个行为，而这些信号与行为的对应关系还没有被完全、清楚地认识，贸然解读会带来很多潜在风险。例如，当一个需要由脑机接口控制外部机械臂来行动的人，面对一个充满诱惑的刺激如毒品时，大脑的奖赏系统可能希望获取毒品，而前额叶则会产生自我控制的信号以拒绝毒品。如果脑机接口仅依据奖赏系统的活动来决定个体的行为，机械臂解析相应信号，就会帮残疾人吸食毒品，产生违背个人意愿的严重错误。究竟大脑中有哪些相关信号共同决定了行为的产生，怎样的组合才可以最真实、最准确地代表个体决定将采取的行动，这些都是需要研究者进一步探究的领域。在没有探究清楚的情况下，无论技术如何发展，都难以避免错误的产生。

（4）自由意志问题。设想当驾驶员驾驶了一辆配备了脑机接口系统的自动驾驶汽车，由于工作繁重导致非常疲劳，没有注意到前面的行人，这时候汽车的自动驾驶系统检测到了这个情况，紧急启动了刹车系统，避免了重大交通事故的发生。这是一个非常美好的情况。但假设当时驾驶员有故意撞倒行人的意图，或想有冲下悬崖自杀的念头，自动驾驶的刹车行为是否违背了人的自由意志？这样的情形在脑机接口中会变得非常普遍。一旦这个系统可以准确读出人的种种意图，那系统该如何反应，才能实现安全和自由意志的统一；脑机接口设备是否应该出现对人类意图的"自动报警"甚至"自动纠错"功能；若脑机接口的"自动报警"安全阈限未能成功阻止灾难，脑机接口生产厂家是否应该承担责任；若成功制止住，使用者的自由意志是否受到威胁？除了人和脑机接口在对自由意志控制权的争夺外，也涉及到别人和自己对自由意志的争夺。法律规定不能在违背当事人意愿的情况下强迫其做一件事情。但在某些情况下，他人可以替代当事人做出决定，例如在失去意识的情况下进行治疗。

（5）隐私问题。现在很多大数据公司会根据用户的网页浏览习惯，定制化推荐商品和广告。有研究者可以根据个人在社交网络的点赞行为，准确地预测个体的性别、职业和人格特征。Facebook公司等根据用户在平台上的使用数据来研究和检测自杀倾向，并采用相应的干预措施。这样的大数据分析和应用，容易侵犯个人的隐私，Facebook也因违规泄露用户数据被起诉。而基于脑机接口的数据特性，神经信号携带了丰富的个人信息，有理由相信，随着数据的累积，它对个人特性的描述会更加全面、准确和深入。例如，群体水平的大数据分析能够实现对一些重要个人特征的预测，包括智力、动机、人格、患病概率、忠诚度、犯罪企图等，而对单个人大脑信号进行长期记录和解码，能够实现大脑状态和"意念"的实时动态监测。这些数据则涉及到个人最为核心的隐私，关乎精神内容。保护大脑数据的隐私和完整性是最有价值和不可侵犯的人权。因此在发展相关技术的同时，需要非常关注这些数据的使用以对用户的个人隐私进行保护。

2.4.5　结论与启示

为了更好应对脑机接口伦理学的问题，促进脑机接口技术的健康发展，更好地服务于人类社会，提出如下建议。

第一，加强对脑机接口伦理问题的研究和研讨。政府、行业组织和研究基金应引起重视，加强对此类研究和研讨活动的支持和资助。神经科学相应研究机构和学会组织应该积极主动行动。社会公益基金和媒体应加大支持和宣传。

第二，脑机接口研究和生产机构要加强研发、改进和完善技术与方法，从而提高精度并降低风险；充分认识其所带来的安全和准确性风险，规范使用，让脑机接口更安全，更有效服务于社会需求；学习国外经验，如采取相应软硬件保障措施、增加神经技术设备安全性以保护个人大脑的数据隐私等。

第三，加强公众宣传，增强公民意识。通过宣传和普及，让公众充分认识到各项技术对人的认知和人格等可能带来的巨大变化和影响，了解其中潜在的各种安全和隐私因素，以及对社会公平等所带来的影响。充分认识和评估风险-收益比，实现最佳决策。

第四，贯彻知情同意原则。要在各项通过脑机接口技术实现治疗和干预提升的实践中充分贯彻知情同意原则。完整介绍和详细解释其中的技术过程、其所带来的潜在收益和风险、所收集的数据和使用范围、个人隐私保护等问题，让参与人在完全知情和自愿的情况参与。

第五，要加强国家立法和行业自律。各个相关行业也应该充分研究，加强规范和标准建立，自觉提升行业规范性。政府要在充分研究和征求专家意见的基础上，提前行动，做好立法准备和手段储备，规范行业操作流程，切实保护用户数据和个人隐私，促进社会公平。

2.4.6 思考题

（1）如果未来给每个新生儿都打上"不能以任何形式伤害别人"的"思想钢印"，社会可以变成乌托邦吗？

（2）如果"思想钢印"效果可以被取消，你会愿意尝试一下某方面的"思想钢印"吗？

（3）对于"思想钢印"工程伦理问题，你有没有什么想说的？

参考文献

[1] 顾心怡, 陈少峰. 脑机接口的伦理问题研究[J]. 科学技术哲学研究, 2021, 38(4): 79-85.

[2] 肖峰. 脑机接口技术的伦理难题与应循原则[J]. 中州学刊, 2022, 307(7): 95-102.

[3] 李佩瑄, 薛贵. 脑机接口的伦理问题及对策[J]. 科技导报, 2018, 36(12): 38-45.

2.5 人脸识别中的伦理问题

内容提要：基于AI的人脸识别技术已经在21世纪的今天拥有了极其广阔的应用。虽然它为人们的日常生活带来了便利，但是也随之导致了一系列问题。利用人脸识别来判断一个人的潜在犯罪率，或性倾向是这几年研究的热门领域之一。然而，其中所蕴含的伦理问题、道德问题引发了巨大的争议。种族歧视、性别歧视、以貌取人，这一个个与传统道德观相违背的词语，无时无刻不在令人们深思，究竟如何才能够正确地使用人脸识别技术？本节从人脸识别技术的原理特点出发，结合相关案例，对其中所涉及的伦理问题进行分析，同时提出相应的策略，以及一些思考与启示。

关键词：人脸识别技术；AI、歧视；以貌取人；犯罪率判断；性取向分析

2.5.1 引言

本节基于一些文章和新闻报道，总的来说，是有相关的科研团队，正在试图通过人脸识别结合AI技术来判断受试者的犯罪率（高犯罪风险与低犯罪风险）以及性倾向（同性恋或异性恋）。这里面涉及几个关键点，即工程所服务的对象、工程的风险与防范、

工程伦理的责任以及工程中的道德问题（诸如以貌取人、种族歧视或性别歧视等）。

2.5.2 相关背景介绍

1.人脸识别技术的原理

人脸识别技术作为智能识别技术的一种，指的是通过计算机提取人的脸部特征，并根据这些特征进行身份验证的一种技术。该技术在信息时代的今天，扮演着越来越重要的作用。通常来说，该技术的主要原理如下：

（1）先在图像或视频中找到所有人脸的位置。

（2）提取特征：根据输入的人脸图像，自动定位出面部关键特征点，如眼睛、鼻尖、嘴角、眉毛以及人脸各部件轮廓点。

（3）训练神经网络，将输入的脸部图像生成为某特定维度的预测值。训练的大致过程为：将同一人的两张不同照片和另一人的照片一起"喂"入神经网络，不断迭代训练，使同一人的两张照片编码后的预测值接近，不同人的照片预测值拉远。

（4）进行身份的识别。预先将所有人的脸放入人脸库中，全部用上述的神经网络进行编码并保存。识别时，将人脸预测为一定维数的向量后，与人脸库中的数据进行比对，进而识别出正确的身份信息。

2.人脸识别技术的特点

总的来说，人脸识别技术具有如下特点：易操作性、独特性、非接触性和可扩展性。

（1）易操作性：人脸识别技术采集设备简单，一般来说，普通的摄像头就可以用来获取人脸图形，而不需要复杂的特殊设备；图像采集可以在几秒钟内完成；人脸识别技术通过观察自然的脸部特征进行身份的确认，只要在人脸识别设备面前停留几秒钟，就可以识别出用户的特征。

（2）独特性：人类可以通过面部特征，如"外貌"来识别他人。

（3）非接触性：人脸识别技术所使用的摄像头是非接触设备，使用该种方式不会引起用户的反感。

（4）可扩展性：实际使用中，该技术可以对多个人脸图像进行分类、判断和识别，并广泛地应用于各类实际应用中，如访问应用程序，搜索面部图像，识别恐怖分子等。总之，它具有较强的可扩展性。

正是因为具有以上良好特性，该技术非常有应用前景，也越来越受到学术界和商界的关注。

2.5.3 情节描述

首先看两篇相关的学术文章。

第一篇是斯坦福大学的团队在2018年所发表的一篇文章，该文章第一次将AI、面部图像和同性恋三者关联了起来。作者在文章中提到，经过训练后，计算机识别男同性恋与女同性恋的准确率分别达到了81%和71%，如果每个人能提供5张面部图像，则该算法的识别准确率可分别达到91%和83%。

另一篇则来自上海交通大学的两位研究者，在他们的文章"Automated Inference on Criminality Using Face Images"讲述了其是如何通过面部数据来识别潜在罪犯的。具体来说：罪犯从鼻尖到两个嘴的角度θ要比非罪犯小19.6%；罪犯的上唇曲率ρ比非罪犯大23.4%，罪犯的两个内眼角之间的距离d要比非罪犯略窄5.6%。值得注意的是，这种人为提前生成的面部图像，与后续参加调研活动的50名男女大学生的个人直觉几乎一致。

除了上述的论文之外，美国国家标准与技术研究院（National Institute of Standards and Technology，NIST）发布的一则研究报告显示了下列结论：

（1）美国人脸识别系统最偏爱的是白人中年男性。

（2）在一些算法中，亚裔和非裔美国人被误认的可能性比白人高100倍，但一些来自亚洲的人脸识别算法结果则显示，白种人与黄种人之间的误判差距会小一些。

（3）在同一种族内，不公平现象依然存在。如，老人和儿童更容易被识别出错，女性比男性更容易识别出错。

麻省理工学院（Massachusetts Institute of Technology，MIT）实验室的一项研究也得出了类似的结论。

2.5.4　伦理问题及分析

21世纪是信息的时代，科学技术发展日新月异。基于此，人们的生产、生活方式发生了很大的改变，其趋势是朝着更快、更高效的目标发展。但是与之相伴而来的则是一系列问题。人脸识别，作为新兴技术中的一种，它所涉及的伦理问题也非常广泛。大体上来说，可以分为技术发展带来的人权伦理问题、技术漏洞带来的责任伦理问题和监管不力带来的隐私伦理问题三大类。

人权一词想必大家都不陌生。联合国对此给出的定义是：它是所有人与生俱有的权利，它不分种族、性别、国籍、族裔、语言、宗教或任何其他身份地位，包括生命和自由的权力、不受奴役和酷刑的权利、意见和言论自由的权利、获得工作和教育的权利以及其他权利。人人有权不受歧视地享受这些权利。人脸识别技术所引发的人权伦理问题，是以上三大类中首当其冲的问题。无论它的具体表现形式如何，其最终结果都会引发"以貌取人"，进一步导致社会的不公。有一个现实的例子，在美国的一些机场，警察使用人脸识别技术对摄像头内所拍摄到的人脸头像进行分析，以判断对航班的潜在危险性。关于这一伦理问题的看法，基本上有两派声音（即一派赞成，而另一派反对）。赞成的人认为，通过这种方法能够消除潜在的风险，这是对其他乘客生命的负责；而反对的人则持"自我预言的实现"这一观点，即我们对他人不好的预期反倒会引导一些不会这么做的人最后真的做出不正确的举措（这也是最讽刺的地方）。

第二个指的是技术漏洞所带来的责任伦理问题。所谓责任，康德在其著作《道德形而上学原理》中给出了一些定义。互联网上的定义是：它指个体分内应做的事，来自对他人的承诺、职业要求、道德规范和法律规范等。人脸识别技术同样也会引发一系列新的责任伦理问题。比较典型的是财产损失，这包括高校实验室因为盗刷脸而引发的实验室财产、物品丢失现象。

最后是考察监管不力所带来的隐私伦理问题，这一层面就更加地现实。其中，最现实的隐私伦理问题为个人信息的泄露。这一问题已经出现在人们日常生活的方方面面。如，当用户在浏览器里搜索过某物品之后，再打开电商软件，其界面便会推荐刚才所搜索的内容。另一个现实的例子则是通过搭配摄像头而检索个人面部生物信息，来和现有数据库内的信息进行比对，以便追踪个人的身份信息、日常行动轨迹、个人财产情况甚至是亲属关系等。技术滥用指的是：通过该技术获取超越应有权限的用户面部信息。从这几年各大手机厂商在手机系统里所开发的各类隐私保护功能可以看到，随着用户的呼声日益高涨，人们对这一现象的关注度也是与日俱增。当然，技术滥用还会派生出两个相关问题，即信息采集的合理性（如在用户未意识到的情况下采集脸部数据）与信息保存的规范性（如在未受政府监管的情况下，将用户数据保存在不安全的服务器上）。据相关报道统计，国内的用户在使用相关电子设备（诸如手机）的时候，每天被非法获取个人脸部数据可达五百次！上述所讨论的内容绝非危言耸听，而是大家都可能会遇到的现象。

接下来对该问题进行分析。上述伦理问题是由多方面因素导致的。一个非常重要的部分就是主体信息的不对称。所谓信息不对称，指的是不同人在教育水平、知识结构、经历经验乃至于所处阶层方面的差异。这些因素导致不同人的习惯不同，进而导致同样的伦理问题，有些人能够意识到它的存在，而有些人无法意识到。而一个问题，只有先被意识到了，才能有被改正的可能性。所以，这一点是至关重要的。

另一个重要的原因，则涉及人脸识别技术本身的不完善问题。这和该技术自身的发展水平、速度都有很大的关系。它具体可能会有成本问题、可靠性问题以及这些问题所导致的稳定性较弱等情况。如对人的面部情绪进行识别的时候，识别场景中的光线变化、识别技术所选择的算法等，都会影响到识别的准确率和安全性。此外，人脸识别数据保障机制的缺失也会导致前述的各类伦理问题。现在的各类生产商、服务商在数据的收集、存储以及使用上都缺乏透明度，那么作为一个普通消费者，不仅会面临行为数据的风险，同时还面临着生物数据的风险。

最后一个原因是外界的，即监管体系的不够完善，而监管体系又是运行于相关法律法规框架之下的，因此这本质上也是相关法律法规的不够完善。该原因将导致信息收集缺乏监管，并最终导致信息滥用现象。因此，完善相关的法律法规，进而完善监管体系就迫在眉睫。

2.5.5　结论启示

针对以上问题，具体的应对策略可以从制度的保障、构建责任体系以及建立健全行业组织这三个方面展开。

对于制度的保障，有两个方面可以开展工作，分别是法律法规方面以及监管体制方面。2019年的6月份，国家标准化技术委员会以信息安全为主题，发表了《信息技术、安全技术、生物特征识别信息的保护要求（征求意见稿）》，此后人脸图像数据的安全性、合规性以及敏感性被予以越来越多的重视。而国外一些发达地区，由于其相关法制更加健全，发展更加成熟，值得我们在制定相关法律法规的时候学习借鉴。以欧盟所颁布的《通用数据保护条例》为例，它将面部图像定义为个人资料的"生物识别数据"，因此面部图像相比于一般的个人资料，就更应受到保护。目前，中国也正在持续地完善个人信息保护和数据安全方面的法律条文。既然法律法规的制定和推出需要政府的力量，那么监管体制的完善更是需要如此。对人脸识别技术的使用进行统一的规范，对相关企业的运营开展审查，是消除大众对该技术忧虑的最好回应。美国的旧金山政府通过推出《禁止秘密监视法》，来禁止政府滥用人脸识别技术，这也使得旧金山成为美国第一个走在相关领域前列的城市。该方式是能够制止滥用个人生物特征数据的途径，也是能够真正保护公民隐私的途径。

应对人脸识别技术的伦理问题，另一个重要点就是人脸识别技术的责任分配，或者说构建责任体系。由于人脸识别技术的安全性、可靠性以及可控性主要是取决于其设计主体，因此这就要求设计主体（通常是人）更应该有责任意识，要能够遵循行业标准以及国家的研发安全标准来对相关技术开展开发和研究。对于企业来说，它对人脸识别技术产品可能带来的风险也应当承担一定的责任。人脸识别技术作为一项服务，其最终是一定要走向市场的。所以当其真的出现重大事故的时候，作为用户和使用者，也应当承担一定的责任。

最后，是建立健全行业组织。这包括在业内达成统一的伦理原则共识，以及确立统一的安全标准等。其中，统一的伦理共识原则包括：整体性原则、知情同意原则、适应性原则、可执行性原则以及公平原则等。

总的来说，人脸识别技术所带来的伦理问题，并不是单独的一两个方法就能解决的，而是需要从设计者、企业、政府以及用户个人等多角度来采取行动。只有这样，才能真正意义上使得这一领域的问题得到解决。

2.5.6　思考题

（1）你对人脸识别技术是持支持还是赞同态度？理由是什么？
（2）你觉得通过人脸识别技术来判断人的犯罪倾向或者性倾向，有可行性吗？
（3）谈谈你对人脸识别技术未来发展趋势的看法。

2.6　人工智能带来的伦理问题

内容提要：近年来，人工智能发展势头强劲，深刻地改变了人类的生产方式和生活方式，极大地推动了经济社会的发展。然而，人工智能也引发了一系列重大问题，迫切需要人们从伦理学意义上做出解答。

关键词：人工智能；科技伦理；伦理责任；伦理困境

2.6.1 引言

在人类社会中，人工智能的行为应当是怎样的？人工智能会不会侵犯人们的隐私权？人工智能会造成大规模的失业现象吗？可以在战争中使用智能武器吗？对超级人工智能和异常现象担忧是"杞人忧天"吗？人们应当把人工智能当作人一样对待吗？以隐私、情感、偏见以及责任作为矛盾的主要方面入手分析，寻找人工智能伦理调适的基本路径应当从界定人类与人工智能的关系入手，即人工智能的发展必须增进人类福祉，遵循人类的基本价值观。

2.6.2 相关背景介绍

21世纪是信息科技高速发展的时代，人工智能作为现代综合性的信息技术正在深刻地 改变世界、改变人类的生活。人工智能在成为新世纪科学技术前沿与焦点的同时，也不可避免带来一系列新的问题，包括伦理道德问题。就伦理学而言，人工智能特别是强人工智能和超级人工智能不仅改变着经济社会的发展方式，同时也改变着人与人、人与自我、人与自然的关系，其应用推广的伦理风险也伴随技术进步而不断增强。如，自主无人驾驶技术是现在人工智能应用领域中最典型的项目，且对社会产生了十分显著的增益效果，然而即便是安全系数和便捷度极高的无人驾驶也不可避免会遇到环境污染问题以及人们最关心的安全问题，进一步地甚至会导致一些令人"道德两难"的事情发生，即倘若发生了一定的交通事故，其责任是归属于使用者还是无人驾驶自身都是一个问题。

2.6.3 相关事件

案例一：人工智能通过云计算对海量数据进行深度分析的同时，不可避免会"读出"许多人类自身难以启齿的秘密，人们的隐私权也因此遭受了不同程度的侵害；人类社会中，人与人之间的交往长期处于礼貌的分寸感之间，对于个人隐私的侵犯则通常被认为不礼貌，严重甚至可以被认为是不道德的。

案例二：伴随人工智能的发展，拥有情感功能的人形机器人的研发也越发成熟，其以保姆、宠物、情人和孩子的身份"参与"人类的生活，久而久之甚至会产生各种各样的感情和利益纠葛，这些事件的发生将对传统的人伦关系、家庭结构、工作关系产生不同程度的冲击。

案例三：在谷歌算法中，高薪职位中对于女性的招聘广告非常少，而搜索非洲裔美国人的名字便会产生是否有犯罪记录的提示。偏见既可能来源于数据本身，也可能是算法设计者隐含偏见。随着机器未来自主化地深度学习后，带有偏见的算法只可能会愈发严重。

案例四：无人驾驶汽车品牌特斯拉于2016年发生了一起震惊世界的事故。美国的一段公路上，一辆正在自动驾驶状态中的 Model S 与一辆拖拉机挂车迎面相撞，事故最终造成了驾驶员的当场死亡。人们对所应当承担的责任体究竟是设计出自动驾驶算法的

"命令者"，还是通过算法执行命令的"执行者"——人工智能机器本身争论不休。

2.6.4 原因分析

（1）人工智能的伦理约束滞后。当前人工智能技术研发领域中需要通过一定的道德规范监督技术的发展，因为随着人工智能技术的更新算法会愈发复杂，所以人类也应该提升道德标准，也需要制定完善的人工智能道德规范，只是技术的发展要比道德规范的制定更快。此外，人工智能技术并不是完美的，也会存在一定的错误预算，比如美国举办的图像识别比赛中，人工智能通过深度学习网络技术所得到的图像识别准确率有99.5%，要比人类的98.3%还要高。虽然人工智能的识别率高于人类的识别率，但是并没有达到100%。所以从这方面来说，人工智能也会出现错误，并不是一项非常完美的技术。

（2）人工智能的科技性、生态性、生命性伦理原则规范不足。从目前社会中的人工智能知识推广来看，中国社会未能够做好有效的知识宣传与普及，许多人通过科幻电影了解智能世界，但是当前很多与人工智能的科幻电影都在讲未来社会中，社会有可能被人工智能控制，所以很多人对于人工智能技术的发展会存在一定的畏惧心理，而产生对人工智能技术的排斥。此外，人工智能对于生态环境、对于医学与生命都可能产生一些伦理问题。

（3）人工智能研发主体的道德自律意识薄弱。当前社会科研技术的进步是通过科研人员的技术把控来完成的。人工智能就是科研技术的一种。技术没有主观能力，需要通过人的意识进行支配。科研团队主要操控技术的创新与进步，所以在社会生活的发展中，需要科研人员具有较高的责任感和使命感。科研人员决定了技术的发展方向以及使用空间，会直接影响到社会的进步。人类在社会生活中的生存行为多数是合作的形式，发展不能过于封闭。科研人员的工作是为了促进人类社会的进步，要以人类需求作为核心，他们要具有较高的道德责任，以规避对社会发展产生不利的因素。

（4）人工智能的道德监督不力。当前在人工智能领域出现的伦理问题，也会因为在人工智能领域方面缺少监管措施和体系所形成。监督体系的建设应该是全方位且多层次的，通过一个法律体系对人工智能技术的发展形成一个监督闭环。但是目前在这方面还没有形成相关的法律体系，甚至可以说这方面是法律真空地带。

2.6.5 结论和启示

人们要高度重视弱人工智能阶段关于隐私、安全、责任、失业与就业、歧视与偏见等相关问题，在发展至强人工智能阶段要注意对智能机器权利划分、道德地位界定以及情感机器人出现对社会伦理的冲击，倘若人工智能跨越界点进入超级人工智能时代，应思考人类是否会因自己制造的机器遭遇反噬。同时，通过对不同阶段人工智能伦理问题的系统思考可分析出，人工智能伦理约束的滞后性、伦理原则规范的不足、研发主体道德自律意识薄弱是导致人工智能伦理问题发生的主要成因。因此，面对接下来人工智能的发展，笔者总结出：要正确确立人工智能的价值取向，做到科技以人为本，科技公平正义以及科技向善；建立良好的人工智能伦理道德规范，建设伦理道德范围内以不伤害人类安全为前提的公开透明的人工智能技术。在此基础上，努力实现人工智能伦理规范的正确路径，树立正确理念，加强风险防范教育，创立多主体互动交流平台，真正做到人工智能健康稳固向着良好趋势发展，为人类社会文明做出更大贡献。

2.6.6　思考题

（1）在当今社会中，人工智能的行为应当是怎样的？

（2）对超级人工智能和异常现象担忧是"杞人忧天"吗？

（3）人类应当把人工智能当作人一样对待吗？

2.7　机器人的伦理问题

　　内容提要： 随着科学技术的发展，机器人日益走进千家万户，与人们产生越来越紧密的联系。机器人作为一种"电子零件组合件"，在与人的关系中必然产生一定的伦理问题。本节就"7·7美国达拉斯枪击案"中警察利用机器人炸死歹徒的事件，从工程伦理学角度，分析人类在人工智能自主系统中面临的难题。

　　关键词： 机器人；伦理；武装

2.7.1　引言

科幻小说家艾萨克·阿西莫夫在他的小说里提出的机器人三大定律：

（1）机器人不得伤人，或任人受伤而袖手旁观；

（2）除非违背第一定律，机器人必须服从人的命令；

（3）除非违背第一及第二定律，机器人必须保护自己。

随着科学的发展，机器人技术也在不断地进步。机器人与人们生活关系密切，随着机器人技术的发展，人们不得不面对一个新的问题——这个新加入人类生活的"电子零件组合件"，它们会跟人发展出一种新的伦理关系，即在人、机器人、社会、自然之间会诞生一种新的伦理关系。

2.7.2　相关背景介绍

　　当具有一定思维逻辑能力的编程机器人和高度近似或者类似人类智慧的智能机器人走进千家万户时，伦理问题就诞生了。人类是把机器人当成仆人、奴隶、工具、伙伴、朋友、工人、夫妻、父母、儿女，还是当成其他什么？只要人们把机器人当成其中关系的一种，就会有伦理关系。

　　"7·7美国达拉斯枪击案"（见图2-1）是指当地时间2016年7月7日晚，得克萨斯州达拉斯市抗议警察枪杀非洲裔的示威活动中，两名狙击手瞄准警察开枪，造成3名警察死亡。随后在场的数十名警察和安全人员控制了现场，在周围区域搜寻枪手。

图2-1 "7·7美国达拉斯枪击案"现场

2.7.3 情节描述

2016年7月7日，大批民众聚集在达拉斯市中心，为在明尼苏达州和路易斯安那州发生的两起非裔男子被警察枪杀的案件"Black Lives Matter"游行抗议。20时45分左右，游行队伍行进至 Lamar 大街和 Main 大道时突发枪击，人群立刻分散各处寻找掩护，场面一度混乱。现场警车与直升机轰鸣，全副武装的执法人员在现场。有民众表示，至少听到30声枪响。

这一针对警方的暴力事件导致 5 名警察死亡、6 名警察受伤。当地警方称，枪手 Micah Xavier Johnson 时年 25 岁，是一名退伍军人，作案动机很可能是不满警方对黑人的暴力执法行为。

这一事件过程中，枪手和警方进行了数小时的对峙。最终，达拉斯警方将1磅（0.454 kg）C4炸药安装在机器人的机器臂上（见图2-2），然后通过远程控制的方式让机器人接近歹徒后引爆了炸弹，炸死了歹徒。

图2-2 机器臂上装有炸药的机器人

所谓的警察使用机器人杀人事件迅速引发各大媒体关注。大众态度可谓喜忧参半。大多数人表示，警方及时止损，成功防止了更大悲剧的发生。

2.7.4　原因分析

人们对基于人工智能的自主型系统难题有以下几方面的思考。

（1）伦理道德问题。自动驾驶系统是应该不惜一切代价来保护它们的乘客，还是应该通过编程选择牺牲乘客，从而保护他人？尽管一些人争论道，自动驾驶汽车控制的道路会更安全，但提供这种安全性的特有编程也许会阻止它们最终上路。有关心理学研究表明，由于自身体验不到死亡的恐惧和痛苦，个体在虚拟世界里往往更加大胆，更具暴力倾向。以无人机为例，由于无人机作战的控制完全依靠远程声频反馈和计算机视频来实现，因而存在以游戏心态对待杀戮的风险。它会减少实施杀戮行为的心理和道德障碍，故更易滋生违背军人伦理的行为。这将导致军事打击决策可能越来越轻率，打击行为也越来越频繁。

（2）滥用问题。2015年，有科技媒体刊登了一份文件，详述了天网计划。文件显示，这项计划旨在大规模监控巴基斯坦移动电话网络，然后使用机器学习算法分析5 500万用户移动网络元数据，并试图评估每个人成为恐怖分子的可能性。

（3）控制问题。随着技术的进步，自动化程度更高的机器人也出现了。自主杀人机器人的正式称呼是致命自主武器系统。从已经公开的消息看，至少中国、美国和俄罗斯已经在从事这方面的研究了。

（4）划分防御和攻击的问题。以色列航空工业公司的无人机可自动追踪敌方航空系统的无线电发射，并通过撞击摧毁目标，该公司表示该类无人机已经销往世界各地。

如果使用智能武器，传统的自卫与侵犯之间的界限将模糊。人们需要搞清楚界线如何划分，但是目前还很难清晰界定进攻和防卫性武器。

2.7.5　结论和启示

《华盛顿时报》报道，达拉斯警察局局长为其使用致命机器人杀死枪杀警察的犯罪分子的决定进行了辩解，他说下一次遇到这种充满不确定性的危险情况时还会使用类似的致命机器人。"是我做的决定。在相同的情况下我还会做出此决定"，局长在接受美国有线电视新闻网记者采访（Cable News Network，CNN）说。达拉斯市长也对警方的行动表示了支持，他说他为警方感到骄傲。

智能武器发展任重道远，其存在一系列的制度障碍、法律障碍和规范障碍等。仅为其编程写入一些类似于阿西莫夫"机器人三大定律"一样的特定指令，还不足以符合人类利益。一些专家、学者等正在通过国际组织施加越来越多的规范压力，反对自主性武器的瞄准决策功能，这些压力已经让自主性武器系统发展成为潜在的政治敏感话题。引用苹果公司首席执行官库克的观点："我并不担心机器人会像人一样思考，我担心的是，人像机器一样思考。"科技本身没有好坏之分，也没有意向。但是，确保科技富有人性，是所有人的共同责任。

在未来社会，机器人大量服役人类社会的时候，人类必须提前研究可能出现的人类与机器人的伦理关系，提早想好对策，制定相关伦理原则、标准、准则、制度来规范这种伦理，既不要像防洪水猛兽一样，也不能对将要出现的新伦理现象掉以轻心。涉及伦理问题，距离机器人像人一样有自主思考能力的时代还有很远，谷歌的阿尔法围棋只是针对固定的简单环境。因此，当今考虑机器人实现高度的人工智能还有很远的路要走。

2.7.6　思考题

（1）机器人武装的这种行为是对是错？说出你的观点并解释原因。

（2）机器人武装引发的伦理问题——警方利用机器人杀死嫌疑犯是否合法合理？

（3）警方是否需要这种军队化的装备？

参考文献

[1] 袁一雪. 自主武器: 技术与伦理的边缘[N]. 中国科学报, 2018-04-20(3).

[2] 长江网. 达拉斯枪击案细节: 枪手有毁灭性袭击计划[EB/OL].（2016-07-12）[2022-10-20].http://news.cjn.cn/gjxw/201607/t2853849.htm.

2.8　人工智能与人类的关系

内容提要：随着社会的发展，人类越来越重视人工智能，但是人类与人工智能之间的矛盾越来越突出。尽管人工智能相较人类在生产生活各方面有优势，使得人们开始大力发展人工智能，解放人们的大脑、双手，利用人工智能处理一些复杂、繁重的工作，然而，人类对人工智能却有着天然的恐惧与偏见。有人担心人工智能会淘汰很多行业，使很多人失业；有人担心人工智能会产生自我意识与人类为敌；有人对人工智能有很大的偏见，存在很多虐待机器人的事件。

关键词：人类；人工智能；矛盾

2.8.1　引言

韩国围棋九段棋手李世石和中国围棋九段棋手柯洁，在与人工智能围棋程序阿尔法围棋（AlphaGo）的人机比赛中，都遭遇上职业围棋比赛生涯的"滑铁卢"。2016年3月9日至15日，在韩国首尔举行的五番棋比赛中，李世石以总比分1：4的成绩，败给了阿尔法围棋。2017年5月23日至27日，在中国嘉兴乌镇进行的三番棋比赛中，阿尔法围棋战胜了世界排名第一的柯洁，比赛成绩为3：0。

2.8.2 相关背景介绍

2016年1月27日英国《自然》杂志的一篇文章，引起了大众对围棋人机大战的真正关注。这篇文章中写道，2015年10月份欧洲围棋冠军、职业围棋二段樊麾被谷歌的人工智能系统阿尔法围棋以总比分5∶0的成绩完胜，开创了人类历史上首次围棋人工智能（AI）战胜职业围棋手的历史。

棋类游戏一直被视为顶级人类智力及人工智能的试金石。人工智能与人类棋手的对抗一直在进行，此前的棋类竞赛人机对抗中，人类就被计算机程序打败过。在棋类比赛人机对决的历史中，最著名的象棋人机对抗比赛是国际象棋世界冠军加里·卡斯帕罗夫对国际象棋人工智能程序"深蓝"。国际象棋人工智能对决国际象棋顶尖棋手首次获得胜局是在1996年的国际象棋人机大战中；随后的第二年，国际象棋人工智能在与国际象棋顶尖棋手的对决中，首次以总比分获胜。后来，国际象棋顶尖棋手对战国际象棋顶级人工智能，最多只能获得平局或个别胜局，在总比分上再也不能取胜。从此，欧美传统里的顶级人类智力游戏国际象棋，已经在电脑面前一败涂地。而围棋成了人类智力游戏最后的一块高地。

围棋人工智能长期以来举步维艰，围棋顶级人工智能甚至不能打败稍强的业余棋手。这是因为围棋的变化数量实在太大。要是人工智能用暴力列举围棋所有情况，需要计算的变化数量远远超过已经观测到的宇宙中原子的数量。这一巨大的数目，足以令任何蛮力穷举者望而却步。而人类，可以凭借某种难以复制的算法或直觉跳过蛮力，一眼看到棋盘的本质。

后来，人工智能研究者们运用"深度学习"技术研究围棋软件。深度学习是人工智能领域中的热门科目，它能完成笔迹识别、面部识别、驾驶自动汽车、自然语言处理、识别声音及分析生物信息数据等非常复杂的任务。谷歌人工智能程序阿尔法围棋（AlphaGo）就是基于深度学习技术研究开发的，这使其在围棋技艺上获得巨大提升，并战胜了职业棋手。为了测试阿尔法围棋的水平，谷歌于2016年3月份向围棋世界冠军、韩国棋手李世石发起五番棋挑战。后来，谷歌又推出阿尔法围棋升级版，并邀请世界排名第一的围棋世界冠军、中国棋手柯洁于2017年5月份与之进行三番棋大战。

2.8.3 情节描述

随着深度学习在近年来取得了突破性的进展，计算机的硬件性能也有了进一步的提升，人工智能实现了在极短的时间内进行大量的训练计算，通过多层人工神经网络与海量的数据集，组织链接在一起，形成神经网络"大脑"进行精准复杂的处理。AlphaGo在使用了这些新技术后，实力有了实质性的飞跃，通过在给定当前局面下预测下一步的走棋与每种走棋双方获胜的概率，牺牲了适当的棋局质量，选择获胜概率最大的走法。可以说AplhaGo是建立在无数前辈经验的基础上，训练、学习了围棋历史上几乎所有的棋局和走法，通过计算机高性能的搜索与计算，再加上人类的直觉判断，站在"巨人的肩膀"上战胜了"巨人"。

AlphaGo在接连战胜李世石、柯洁等围棋九段棋手后，它的官方团队宣布它将不再参加任何围棋比赛，因为以它强大的计算能力来说，它已然成了围棋方面人类与人工智能之间的一道天堑，人脑积累的经验和方法相比于计算机存储的不过是九牛一毛，人脑战胜"智脑"的可能性已经微乎其微。而对于AlphaGo，它的唯一对手，只有下一个"它"。2017年10月，DeepMind团队宣布推出AlphaGo2.0，号称最强阿尔法围棋的AlphaGo Zero，它在1.0版本的基础上有了质的提升，相比于AlphaGo在已有棋谱上的训练学习，AlphaGo Zero可以称得上是从零开始，它不再依赖人类提供数据，即一开始不接触任何棋谱，甚至连围棋的规则也不知道，只是通过神经网络算法在棋盘上随意下棋，然后进行自我博弈。随着自我博弈的增加，神经网络进行了更新调整，AlphaGo Zero展现出了它强大的预测能力。经过短短三天的学习与自我博弈，它以100∶0的战绩完败了"过去的自己"——战胜李世石的旧版AlphaGo，又经过40天的自我训练，击败了曾战胜柯洁的AlphaGo Master。

人们的担忧逐渐出现，在围棋这个极度考验智力与心理博弈素质的比赛上，人类已经远远落后于人工智能，人工智能扮演着颠覆者与重建者的角色，即使距离规模化、产业化的技术输出还有很长的路要走，但是这种取代人类的趋势已经出现。街道上随处可见的机器人刀削面、工厂整齐划一的全自动机器、银行商场里的自动化设备，以往需要大量劳动力的工作似乎已被取代，一个关键的话题逐渐出现，人工智能的出现是创造工作，还是消灭工作？工业革命时期工人砸坏机器只为保住自己饭碗的情形是否会重现？

2.8.4　原因分析

（1）阿尔法围棋（AlphaGo）是一款围棋人工智能程序。其主要工作原理是"深度学习"。"深度学习"是指多层的人工神经网络和训练它的方法。一层神经网络会把大量矩阵数字作为输入，通过非线性激活方法取权重，再产生另一个数据集合作为输出。这就像生物神经大脑的工作机理一样，通过合适的矩阵数量，多层组织链接一起，形成神经网络"大脑"进行精准复杂的处理，就像人们识别物体标注图片一样。

阿尔法围棋用到了很多新技术，如神经网络、深度学习、蒙特卡洛树搜索法等，使其实力有了实质性飞跃。美国脸书公司"黑暗森林"围棋软件的开发者田渊栋在网上发表分析文章称，阿尔法围棋系统主要由几个部分组成：①策略网络（Policy Network），给定当前局面，预测并采样下一步的走棋；②快速走子（Fast rollout），目标和策略网络一样，但在适当牺牲走棋质量的条件下，速度要比策略网络快1 000倍；③价值网络（Value Network），给定当前局面，估计是白胜概率大还是黑胜概率大；④蒙特卡洛树搜索（Monte Carlo Tree Search）。把以上这四个部分结合起来，形成一个完整的系统。

（2）阿尔法围棋（AlphaGo）是通过两个不同神经网络"大脑"合作来改进下棋。这些"大脑"是多层神经网络，跟那些Google图片搜索引擎识别图片在结构上是相似的。它们从多层启发式二维过滤器开始，去处理围棋棋盘的定位，就像图片分类器网络处理图片一样。经过过滤，13个完全连接的神经网络层产生对它们看到的局面判断。这些层能够做分类和逻辑推理。

第一大脑：落子选择器（Move Picker），阿尔法围棋（AlphaGo）的第一个神经网络大脑是"监督学习"的策略网络（Policy Network），观察棋盘布局企图找到最佳的下一步。第二大脑：棋局评估器（Position Evaluator），通过分析归类潜在的未来局面的"好"与"坏"，阿尔法围棋能够决定是否通过特殊变种去深入阅读。如果局面评估器说这个特殊变种不行，那么AI就跳过阅读。这些网络通过反复训练来检查结果，再去校对调整参数，去让下次执行更好。这个处理器有大量的随机性元素，所以人们是不可能精确知道网络是如何"思考"的，但更多的训练后能让它进化得更好。

2.8.5　结论和启示

阿尔法围棋的大热给人们带来了惊艳与担忧：一方面，远超人类的效率如果能得到普及将会给生活带来极大的便捷，生产率的提高使得空余时间更多，人们将更多的时间和精力去做一些一直想做却被工作阻碍的事情；另一方面，人工智能的普及会使得那些知识技能水平较低的劳动力被取代，失业率提高，收入分配差距变大，引发社会矛盾。

虽然说人工智能是这一次科技革命的主角，但是人类才是人工智能的"父母"，人类的发展不会因此停下，而是思考更多的需求与发展，也意味着更多的工作机会出现。首先，计算机行业与大数据行业将会迎来其爆炸式的发展，未来将会有更多的人才涌入。第二，人类应该有"避让"的心理，人工智能有它能做的，也有它不能做的，而这些不能做的，恰恰是人类擅长的，如艺术，人工智能画不出凡·高《星空》的震撼，也谱不出《二泉映月》的哀伤，涉及艺术和情感方面，机器思维永远限制着人工智能。有媒体说过：柯洁输了，他哭了；AlphaGo赢了，但它不会笑。这是人类的优势，也是人工智能的限制，在这方面，人类永远不会被取代。第三种策略，是共处，即使是同一种工作，也有人工智能无法决定的地方，比如确定目标、风险决策，这些方面人类不但可以和人工智能共处，还可以当人工智能的"领导"，只有人类自己知道自己需要什么。最后，人们应该向前看，提升自己，多思考，进步是无止境的，有千万种可能，如果被人工智能制约，开始不思进取，想必不是人工智能取代人类，而是人类自己不走出去看星空，人类自己限制了自己。面对人工智能的进攻，大可不必退守高地，而是向新的方向、新的未来出击。

2.8.6　思考题

（1）谷歌的围棋程序AlphaGo靠什么击败人类？

（2）人工智能有没有极限？

（3）人工智能对人类利多还是弊多？

参考文献

[1] 徐献军. 人工智能的极限与未来[J]. 自然辩证法通讯, 2018, 40(1): 27–32.

[2] 曹丙利. "阿尔法围棋"与人类未来[J]. 前沿科学, 2016, 10(1): 1.

2.9　软件开发中程序员的伦理问题

内容提要： *新华社报道称，从北京市公安局网安总队获悉，按照公安部"净网2019"专项行动部署，北京警方破获了备受关注的巧达科技非法获取计算机信息系统数据案。这家企业非法爬取用户数据，数量之大、年利之巨，令人咋舌，公司法人王某某等36人被检察机关依法批准逮捕。*

关键词： *程序员；爬虫；用户数据*

2.9.1　引言

在整个社会中，计算机起着越来越重要的作用。随着新兴技术的不断发展，程序编写变得越来越重要，从事程序编写的程序员数量在不断增加，有些地方甚至将编程纳入了小学教材。随之而来的，程序员在程序开发中的伦理的问题也日益突出。程序本身没有伦理和职业道德，但是程序员和软件企业要有。

2.9.2　相关背景介绍

现在是大数据时代，数据从哪里来，有些是别人已经提供的，更多的还得自己去搜集。当人们自己去搜集数据的时候，可能会遇到一些问题。比如当在手机上安装并打开一个APP，它会要求很多权限，甚至一个直尺APP都需要用户的手机串号和定位权限，它要这个权限有什么用？那只有开发者自己知道。

可能很多人学习Python都是从入门网络蜘蛛（又称爬虫）开始的，当你想要从网上大量获取某一个类别的资料时，也许第一想法就是写一个爬虫跑一跑。据说互联网上40%以上的流量都是爬虫创造的，也许你看到的很多热门数据都是爬虫所创造的。这样看来，爬虫程序似乎用处很大。此前在全网展开的关于程序员面向"监狱"编程的大讨论，就是由于巧达科技的程序员，写了一段爬虫程序，非法从某招聘网站上下载简历信息而被起诉的事件引起的。

2.9.3　情节描述

2018年10月，北京市公安局海淀分局警务支援大队接到辖区某互联网公司报案称，发现有人在互联网上兜售疑似为该公司的用户信息。根据这条线索，警方迅速开展调查，巧达科技（北京）有限公司非法窃取信息的犯罪事实逐渐浮出水面。2019年3月，巧达科技被查封，涉案员工被警方依法刑事拘留。

警方查明，巧达科技的简历数据库全部是通过非法手段爬取而来的。网安总队办案民警李文涛说："嫌疑人通过利用大量代理IP地址、伪造设备标识等技术手段，绕过招聘网站服务器防护策略，窃取存放在服务器上的用户数据。"他们将从其他网站上窃取的信息重新排列、整合、重名，或是将一些信息不全的信息进行"再对比"，最终形成完整的简历和用户画像。

2019年，几乎所有的大数据即爬虫公司全部被查，包括新颜科技与魔蝎科技的CEO被查，公信宝被封，聚信立也宣布将暂停爬虫服务，国内大数据风控平台龙头同盾科技也被曝解散爬虫部门。

2.9.4 原因分析

第一，利益驱使。巧达科技有超过10亿份通讯录，并且掌握着与此相关的社会关系、组织关系、家庭关系数据，也就是说，它掌握了超过57%的中国人的信息。这些获取渠道并不正规的数据能为巧达科技带来不菲的收入。

第二，利益联结。巧达科技基本掌握大型招聘网站上所有简历。巧达从人力资源（Human Resources, HR）即人事处获取很多闲置简历后会给HR很多新简历以作为回馈。一方面，由于HR运营的账号不属于个人，因而他们没有强烈的欲望去保护这些资产。另一方面，许多HR对于个人隐私保护观念不强。他们很乐意通过上传没有用的简历，去换取更多的简历，以完成自己的绩效考核。

第三，软件工程师道德伦理缺失。国际电气电子工程师学会（Institude of Electrical and Electronics Engincers, IEEE）提出的《国际电气电子工程师学会行为规范》指出，要尊重他人隐私，保护他们的个人信息和数据，不在现实生活和网络空间中做危害人类的事情，不用错误或恶意的方式侵害他人身体、财产、数据、名誉和聘用关系。显然，巧达科技公司的员工违反了上述两项规范，没有尊重他人隐私，没有保护他人个人信息和数据，以错误的方式侵害他人的数据和聘用关系，违反了工程师基本的职业道德。

2.9.5 结论和启示

软件开发中程序员的伦理责任主要表现在五个方面：尊重个人自由、强化技术保护、严格操作规程、加强行业自律、承担社会责任。本节以巧达科技非法获取计算机信息系统数据案为主要对象，以软件开发中程序员的伦理问题及伦理责任为重点，对产生非法爬取和出售他人信息和数据这种行为的原因进行了分析，旨在帮助程序员清晰地认识自身工作的重要责任和行为规范。

2.9.6 思考题

（1）在平时学习过程中的程序编写方面应该注意什么？
（2）程序员应该遵守哪些行为规范？
（3）如何做一名合格的程序员？

参考文献

[1] 人民网. 巧达科技用8亿人数据牟利，监管何在[EB/OL].（2019-03-28）[2022-10-20].http://opinion people com. cn/nr/2019/0328/c1003-31000066.html.
[2] 吕耀怀. 大数据时代信息安全的伦理考量[J]. 道法与文明, 2019, 221(4): 84-92.

[3] 张春艳, 郭岩峰. 大数据技术伦理难题怎么破解[J].人民论坛, 2019, 619(2): 72-73.

2.10 AI算法引发的伦理问题

内容提要：本节通过介绍、分析剑桥分析公司利用AI技术非法获取Facebook用户信息和亚马逊公司利用人工智能技术筛选简历出现问题的两则案例，进一步阐释在AI技术高速发展过程中遇到的伦理困境，以及工程师身上肩负的责任，以引起人们对这方面的重视，从而促进人工智能方面的工程伦理建设。

关键词：AI算法；算法歧视；伦理困境

2.10.1 引言

许多年前人们幻想中的AI浪潮，如今已经到来。人工智能出现在越来越多的互联网服务中，人们的生活与算法密切交融，人类社会越来越多地受到算法决策影响。具体表现可以是互联网推送的内容，如新闻、音乐、视频和广告等，都是根据用户的喜好进行推送，也可以是用户选择的商品（根据算法推荐给用户）。另外，金融领域也可以根据算法来决定对用户的放贷情况和放贷额度。

人工智能的持续进步和AI算法的广泛应用带来的好处将是巨大的。但是，随着AI算法（机器）承担着越来越多的决策任务，也引发了许多关于社会公平和伦理道德的新问题。为了让AI真正有益于人类社会，人们也绝不能忽视信息时代背景下AI算法背后的伦理问题。

2.10.2 相关背景介绍

案例一：

Facebook是一家位于加利福尼亚州门洛帕克的美国在线社交媒体和社交网络服务，也是同名公司Facebook Inc.的旗舰服务。它由马克·扎克伯格与哈佛大学的同学爱德华多·萨维林、安德鲁·麦科勒姆、达斯汀·莫斯科维茨和克里斯·休斯创立。

用户注册Facebook后，可以创建一项个人资料，显示有关他们自己的信息。他们可以发布文本、照片和多媒体，与同意成为他们"朋友"的任何其他用户共享，或者与任何读者共享不同的隐私设置。用户还可以使用各种嵌入式应用程序，加入共同兴趣小组，在 Marketplace 上买卖商品或服务，并接收有关其 Facebook 好友活动和他们关注的 Facebook 页面活动的通知。

Facebook 一直是众多争议的主题，通常涉及用户隐私（如剑桥分析公司数据丑闻）、政治操纵（如2016 年美国大选）、大规模监视、心理影响（如成瘾和自卑）以及虚假新闻、阴谋论、侵犯版权和仇恨言论等内容。评论员指责 Facebook 心甘情愿地促进此类内容的传播，并夸大其用户数量以吸引广告商。

案例二：

亚马逊公司（Amazon，简称亚马逊），是美国最大的一家网络电子商务公司，位于华盛顿州的西雅图。亚马逊成立于1995年，是网络上最早开始经营电子商务的公司之一，一开始只经营网络的书籍销售业务，现在则扩及了范围相当广的其他产品，已成为全球商品品种最多的网上零售商和全球第二大互联网企业。

亚马逊因技术监控过度、竞争激烈和要求苛刻的工作文化、避税和反竞争行为等做法而受到诟病。据2020年4月28日消息，亚马逊员工（包括高管在内）一直在使用专有卖方数据来帮助设计和定价内部产品，包括进入某些类别的决定。尽管亚马逊官方已采取措施防止其产品高层访问个别卖家的数据，但这些规则显然并未得到一致执行。

2.10.3　情节描述

本节将会围绕两个在AI算法领域中较为典型的案例进行描述，分别为Facebook公司数据杀熟案例以及AI技术产生的歧视案例。

1. Facebook公司数据杀熟

事件可追溯至2014年，一位叫作Aleksandr Kogan的剑桥大学学者与英国政治咨询公司——剑桥分析公司合作，开发了一款名为"this is your digital life"的性格测试应用，并发布在Facebook上。此应用通过有偿征集的方式，一经推出就有大约27万用户参加测试，并录入了自己的姓名、爱好等个人信息。而且在问卷的最后，有一个授权，授权应用不仅可以获得用户自己的信息，还包括用户好友的资料。在用户点击通过授权后，就会上传用户的信息资料。因此通过这个授权，该应用实际上抓取了5 000万Facebook用户的数据。在这个过程中，Facebook是合法收集用户个人信息，第三方应用"this is your digital life"也是通过Facebook平台的第三方应用规则，合法地从Facebook平台收集用户个人信息。但之后该应用并未按照规则合法使用用户个人信息，而是将其分享给了剑桥分析公司，该公司通过对掌握的大量用户数据进行分析，比如用户对于政治新闻的点赞、评论和转发等，来对用户的政治立场和性格进行标记和分析，进而选择最合适的政治广告进行精准推送，最终帮助特朗普赢得了2016年美国大选。其实在2014年Facebook公司就曾列出一些策略限制外部应用程序获取用户数据，但一些措施在一年后才生效，因此让剑桥分析公司钻了条例空白的空子。随后Facebook公司回应了此事并承认错误，由于违背了用户协议，侵犯用户隐私，公司也被国会听证会调查审问，并承担相应后果。

2. AI技术引发的歧视案件

事件可追溯到 2014 年，亚马逊公司作为一家大公司，常常收到很多求职者发来的简历。于是亚马逊公司便开始尝试用人工智能筛选简历，通过系统的机器训练，让计算机在简历筛选的过程中，挑选求职者的优点，是否符合公司的标准等条件，来帮助公司挑选出合适的员工。但随后却发现这项技术戴上了有色眼镜，在简历筛选的过程中出现了并非中立的立场。由于求职者男性居多，因此机器判定男性求职者更受青睐，并认为女性求职者的简历并没那么重要，从而过滤掉很多女性求职者的简历，造成"重男轻女"的歧视现象。最终亚马逊公司解散了该团队。2016年，微软在Twitter上推出了人工智能聊天机器人Tay，开始了跟英语国家的人民进行友好而热烈的对谈，并在跟网友对话的过程中学习如何交谈。公司本意是通过这个聊天机器人来提高对话技术的质量，让用户获得高质量的体验。开发该款机器人的时候，并未对其交流内容进行专门的设定，而是让它通过大量匿名对话的方式学会与人交流。由于会在与网友的对话中不断学习，机器人把好的坏的一起学了，并开始使用那些不当的言论。因此在该机器人上线不到一天，该机器人发表的言论中逐渐出现种族歧视、反政治正确、反女权等相关词汇。随后微软紧急关停该聊天机器人，并进行纠错和调整。

2.10.4 原因分析

1.伦理分析

对于第一个案例，首先Facebook公司和剑桥分析公司都违反了相应的伦理原则。当时Facebook公司已经计划了针对用户隐私数据方面的政策（包括针对外部应用的授权政策），但由于公司内部监管追责机制等问题却没有及时推行，最终导致剑桥分析公司钻了空子。这也是导致此次事件发生的直接原因。公司管理和技术人员存在责任伦理问题，没有做到完备的用户隐私保护和行业自律。对于剑桥分析公司，借用第三方软件获取用户信息，并在用户不知情的情况下利用技术进行政治活动，违背了工程的技术伦理。人是技术应用的主体，道德评价标准应是技术应用的基本标准。其次，剑桥分析公司的行为不仅违背伦理，同时侵犯他人隐私并用于政治目的，也违背了法律法规。此外，剑桥分析公司利用用户个人数据满足自身利益，但直接侵害了用户的利益，使用户原本只是在第三方软件上进行日常活动，却间接参与带有政治目的的活动，违背利益伦理。

对于第二个案例，亚马逊公司依靠技术来提高选拔职员的效率，但却缺乏对技术的严格管控，最终产生了性别歧视的后果，并为筛选不合格的人员推荐各种岗位，违背了技术伦理、利益伦理和社会公正原则。微软公司开发的聊天机器人，由于未对其进行严格交流规则设置，使得机器人在交流的过程中，不区分内容好坏进行学习，最终导致聊天机器人出现种族歧视、性别歧视及呼吁战争等言论，该公司违背技术伦理。虽然聊天内容是机器人通过学习产生的，但该公司也间接违反了人道主义原则和公平公正原则，没有做到严格地执行操作规范，同时该机器人应用于具有广大用户群体的社交平台中，用户来源和组成多样，因此该项技术也没有做到尊重用户和公平待人。

2.技术分析

针对第一个案例，Facebook公司没有采取严格的保护和加密技术手段，使得剑桥分析公司通过第三方应用直接获取到了用户数据，没有保护好用户个人隐私。对于剑桥分析公司而言，利用第三方应用通过"共享"模式直接获取了用户个人信息，并未征求Facebook公司和用户的同意，侵犯了用户的隐私和利益，同时在大量数据的基础上使用技术分析了用户的一些活动和政治立场，在未经用户授权和同意下进行政治活动，违背了技术的道德规范和公平公正原则。

对于第二个案例，亚马逊公司未在使用技术时进行严格的设计和管理，仅仅考虑到AI技术会高效处理简历进而提高效率，却忽略了技术存在的潜在问题，不仅提取了简历内容，还通过大量简历学习性别比例等其他因素，形成"重男轻女"现象，并将不合格的求职者推荐各种岗位。该技术的使用结果背离了原始设计的初衷，没有全面考虑各种因素，缺乏使用过程中的持续测试和管理。同样微软设计的聊天机器人在设计时也缺乏全面考虑，忽略了机器人会通过社交平台学习到各种内容，未对机器人进行学习内容的过滤和设定。对于应用在大型社交平台的机器人，并未严格把关环境和应用因素，最后产生了广泛的不良影响。

2.10.5　结论和启示

伦理问题的出现是工程活动发展的必然要求。自然社会和人类社会，随着以人工智能技术为基础的现代工程活动变得越来越复杂，人类自身所受影响也越来越深刻。工程师群体作为工程活动中的关键角色，在一定程度上具有改变世界的力量。正所谓力量越大，责任也就越大。工程师在一般的法律责任之外，还负有更重要的道德责任。作为AI领域的工程技术人员，在不断创新人工智能技术的同时，也要关注实际应用中的伦理道德。

虽然人工智能技术为传播领域带来了一场革命，但算法背后存在的隐患也逐渐凸显。从技术逻辑与社会逻辑相结合的角度看，"算法型"信息分发模式出现的问题和隐忧主要集中在以下方面：

（1）社交媒体平台，算法技术通过精确的个性化描述打造社区，形成了新的人际交往形式——"圈群文化"。随着圈子的黏性增强，圈子不可避免地会出现排他性，所以"圈群文化"的另一面是"排斥"。因此，社交媒体在运营的后期往往会出现"文化边界"。长此以往，无疑会令用户越来越沉溺于自己的回音，在信息茧房中越陷越深。"数据化"的人将会失去对整个社会的理解与全局批判的能力，甚至会造成群体"极化"现象。

（2）伦理冲突：虚假新闻与低俗内容。虚假新闻和低俗内容也是算法推荐存在的显著性问题。算法推荐最初在传播伦理方面存在一定的缺陷。不同于人工编辑和人工筛选，纯粹的个性化推荐系统缺乏对文章的质量与内容的把关，终极目标就是实现流量最大化。当平台系统默认猎奇、低俗等需求并据此进行个性推荐时，算法便会被错误的价值观俘获，使低质内容流行网络。不仅如此，社交媒体成了假新闻泛滥的温床，个性化推荐在不经意间成了谣言滋生的帮凶。新闻的"标题党"及低俗内容信息往往能为企业带来巨大阅读量，这便会利诱平台降低把关的"度"，让打擦边球的文章都可以通过审核。

2.10.6　思考题

（1）就国家层面而言，如何规避AI算法带来的各种风险？

（2）在AI时代，公司和企业应该采取哪些措施以避免陷入算法伦理的纠纷当中？

（3）假如你是公司AI算法技术团队的一员，你能为避免AI算法所带来的潜在风险和伦理问题做出哪些贡献？

（4）如果一个医疗专家系统因其给出合理的建议而在医疗界享有盛誉，作为一个医生，应该在多大程度上让AI辅助他为病人做出决定？如果决策冲突，听人的还是听AI的？如果听人的，最后治疗失败，人负有多大责任？如果听AI的，最后治疗失败，人负有多大责任？

参考文献

[1] 俞陶然.AI专业有门不教算法的"伦理必修课"[N].解放日报,2021-10-09(1).

[2] 刘佳,刘莹,朱伯玉. AI算法推荐新闻的法律风险与规制[J]. 青年记者, 2021, 702(10): 117-118.

[3] 新华网.警惕AI深度合成击穿风险底线[EB/OL].（2022-06-12）[2022-10-20]. http://m.news.cn/bj/2022-06/12c_1128734593.htm.

第3章 生物工程

3.1 人类基因组计划（HGP）所蕴含的伦理问题

内容提要：人类基因组计划（Human Genome Project，HGP）是一项规模宏大，跨国跨学科的科学探索工程。其宗旨在于测定组成人类染色体（指单倍体）中所包含的30亿个碱基对组成的核苷酸序列，从而绘制人类基因组图谱，并且辨识其载有的基因及其序列，达到破译人类遗传信息的最终目的。人类基因组计划在研究人类过程中建立起来的策略、思想与技术，构成了生命科学领域新的学科——基因组学，可以用于研究微生物、植物及其他动物。人类基因组计划与曼哈顿原子弹计划和阿波罗计划并称为三大科学计划，是人类科学史上的又一个伟大工程，被誉为生命科学的"登月计划"。

关键词：人类基因组计划；工程介绍；发展过程；利弊关系

3.1.1 引言

人类基因组计划由美国科学家于1985年率先提出，于1990年正式启动。美国、英国、法国、德国、日本和中国科学家共同参与了这一预算达30亿美元的人类基因组计划。按照这个计划的设想，在2005年，要把人体内约2.5万个基因的密码全部解开，同时绘制出人类基因的图谱。换句话说，就是要揭开组成人体2.5万个基因的30亿个碱基对的秘密。

3.1.2 相关背景介绍

截至2003年4月14日，人类基因组计划的测序工作已经完成。其中，2001年人类基因组工作草图的发表（由公共基金资助的国际人类基因组计划和私人企业塞雷拉基因组公司各自独立完成，并分别公开发表）被认为是人类基因组计划成功的里程碑。它逐步揭示生命的本质，增进人类对生物进化、人类发展和未来的认识，特别是大大提高了人类对疾病的诊断和治疗的水平。但与此同时，它可能也面临一些价值、文明、伦理道德的社会问题，如遗传信息的隐私权问题。因此，人们需要正确地处理这些问题，使得人类在享有研究成果的同时，通过法律的约束、伦理观念的改变，以及科学家的责任和义务去调整降低这些负面影响，使得基因组学的研究沿着正常的轨道发展。

3.1.3 情节描述

人类基因组计划是由美国科学家、诺贝尔奖获得者达尔贝科提出的，其目标是测定人类23对染色体的遗传图谱、物理图谱和DNA序列，换句话说，就是测出人体细胞中23对染色体上全部30亿个碱基（或称核苷酸）的序列，把总数为约10万个的基因都明确定位在染色体上，破译人类全部遗传信息。1990年美国国会批准"人类基因组计划"，联邦政府拨款启动了该计划，随后英国、日本、法国、德国和中国相继加入。这个计划的意义可以与征服宇宙相媲美，被称为生命科学的"登月计划"。

人体细胞中有23对共46条染色体，一个染色体由一条脱氧核糖核酸即DNA分子组成，DNA又由四种核苷酸A、G、T和C排列而成。基因是DNA分子上具有遗传效应的片段，或者说是遗传信息的结构与功能的单位，基因组指的则是一个物种遗传信息的总和。如果将人体细胞中30亿个碱基的序列全部弄清楚后，如果印成书，以每页3 000个印刷符号计，会有100万页。就是这样一本"天书"，蕴藏着人的生、老、病、死的丰富信息，也是科学家们进一步探索生命奥秘的"地图"，其价值难以估量。就其科学价值来说，从基因组水平去研究遗传，更接近生命科学的本来面目，由此还可以带动生物信息学等一批相关学科的形成和发展，可能带来的经济效益也是惊人的。

基因研究不仅能够为筛选和设计新药提供基础数据，也为利用基因进行检测和治疗提供了可能。由于现在了解的主要疾病大多不是单基因疾病，而具有不同基因序列的人对不同的疾病会有不同的敏感性。比如，有同样生活习惯和生活环境的人，对同一种病的易感性会非常地不一样，都是吸烟人群，有人就易患肺癌，有人却不易。医生会根据各人不同的基因序列给予指导，因人而异地养成科学合理的生活习惯，最大可能地预防疾病。

科学家们测出人类基因组全序列之后，对人体这个复杂的系统会有更好的认识，针对基因缺陷的基因疗法也会更有前景。在医学上，人类基因与人类疾病有相关性，与疾病直接相关的基因有5 000～6 000条，目前已有1 500个相关基因被分离和确认。一旦弄清某基因与某疾病有关，人们就可以用基因直接制药，或通过筛选后制药，其科学价值和经济效益十分明显。

正如一切事物都有两面性，人类基因组计划给我们带来巨大效益的同时，也潜伏着相当大的隐患。人类基因组计划与通常的物理或化学方面的研究计划不同。

3.1.4 原因分析

人类的生老病死，无论发生在什么年龄段，都是由一个人本身组织器官功能的衰竭而引起的。而这些器官的功能与某些基因的表达息息相关。以癌症为例，每个人的基因组成中都有原癌基因与抑癌基因，原癌基因在通常条件下是关闭的，但在某些特殊条件下，比如长时间的辐射或者食用致癌因子，就会激发这些癌症基因，从而引发癌变。

如果人们了解了致癌基因的区段,并假以时日找到了抑制其发生的方法,那么恐怖的癌症便会一去不复返了。基因组计划的成果,将使人们从本质上把握疾病的起源,从根本上医治许多疑难杂症。不仅如此,应用基因组计划的成果,还可以帮助人们改进自身基因,来使人们更加适应环境的变化,应对各种疾病的来袭。比如说,艾滋病、甲流和非典等,无一不是由于外界病菌的作用而导致人类机体内组织器官的功能失灵而引起的,倘若人类找到病菌和对应的抗体基因并生成抗体,或者以自身的基因来替代失灵器官的功能,那这些疾病就不足为惧了。了解人类基因的排序不仅是为了延长人类的寿命,同时也是对人类自身资源的节约。

对人类基因的了解和掌控,也将对人类物种的进化、人类社会的进步产生强大推动作用。通过对人类基因已知和未知领域的探索,可以找到更好的基因更有利人类进步的基因,人类社会将从本质上发生突破性的飞越。因此可以说,这项耗资大、耗时长的人类基因组计划确实是非常必要而且永世受益的。对于生物学界来说这可能是很小的一步,但对人类社会来说却是非常大的一步。

但是一切事物都有两面性,人类基因组计划在给人类带来很多福音的同时,也带来了很多潜在的隐患。

人类基因组计划的完成,带来的是对人类基因的全面了解,个人遗传信息有可能落入他人之手,给携带某些"不利基因"或"缺陷基因"者的升学、就业和婚姻等带来麻烦,使某些人群受到"基因歧视"。除了个人的伤害,泄漏了一个人的基因型还可能给家庭、群体甚至未来世代带来伤害。个人的基因缺陷可能会使家庭遭到歧视。此外,还有产生一些后继权利的纠纷。如果某人生病采用基因治疗疾病,是用体细胞还是用生殖细胞?对这个人生殖细胞的基因干预会不会侵犯了他后代的权利?这属于代际伦理学问题,尤其是当这种治疗是用于与医学目的无关的诸如改变肤色、发色或身高等方面的目的时。

3.1.5　结论和启示

人类基因组计划由全世界多个国家投资30亿美元,用15年的时间才完成这项十分庞大的项目,这个项目让人们对基因的了解更加彻底,似乎人们正在一步步打开潘多拉魔盒,这对人类究竟意味着发展还是毁灭?

诚然,认识自身,认识自然,一直是人类不断进化的动力,人们只有在认识自身与自然中不断摸索,才让自身得以成长,怀着对自然的敬畏一步步地探寻自然的真谛。然而,有一天我们找到了能够破译生命的奥秘的钥匙的时候,我们似乎明白了大自然的真正面目,人们开始改造生命,开始让生命的形成符合人类自己的意愿,做着这一切原本只能由"造物主"完成的工作。

基因组计划的完成表明了人类想通过自身努力,摆脱自然规律的愿望。人们希望通过了解自身基因,改进自身基因实现自身功能的强大。这是无可厚非的,但是在这过程,有一条不可逾越的红线,就是科技必须造福人类。科技越发展,对人类的影响也就越大,应用于造福人类,会对人类的生存发展有巨大的促进作用,相反应用于其他渠道，对人类而言可能就是毁灭了。人类既要从技术上延长人的寿命、改善人类的健康状况，也需要道德伦理乃至法律法规的保障，既不能过分夸大基因研究的作用，也不能片面强调它对人类的负面影响。研究人类基因组是为了让所有人生活得更美好，但它的结果是具有多样性的。这个结果需要全人类去把握。

3.6.1 思考题

（1）目前，市面上某些公司推出了一些"优惠活动"，你只需要支付几十元即可对你进行全身测序，从而推断出你有可能会患有的疾病，请问你会选择参加吗？

参考文献

[1] 郭自力. 人类基因组计划与人权保障[J]. 法学家, 2000(2): 19-25.
[2] 李建会. 人类基因组研究的价值和社会伦理问题[J]. 自然辩证法研究, 2001(1): 24-28.
[3] 马力. 人类基因研究的伦理问题[J]. 兰州大学学报, 2003(6): 74-77.

3.2 科学实验有"底线"吗？

内容提要： 20世纪20年代，有一位美国心理学家约翰·华生，用一名脆弱的婴儿做心理学实验，验证恐惧是先天的还是后天，它是否可以被刻意制造。他经过一系列对小婴儿造成巨大的心理创伤的心理学实验后，得到了自己想要的结果，证实了恐惧是可以被后天制造出来的。而小婴儿为此付出了巨大的代价，早早地离开了人世，但这个心理学家却攫取了巨大的商业利益，最后却得以安享晚年。虽然在20世纪70年代，美国心理协会颁布了道德规则，但在这之前的多年中，已经造成了巨大的不良后果。不由让人深思，科学实验有底线吗？国家和公众如何起到监管作用？

关键词： 科学实验；底线；监管

3.2.1 引言

在19世纪早期，政府和公众对科学实验监管不到位，有一些科学家为了得到自己想要的结果，做实验突破了人类道德底线。其中就有一个美国心理学家做了一个恐惧是否可以被后天制造出来的心理学实验。该实验对那名实验儿童造成了巨大的伤害，而他自己却不必承担责任，安度晚年。

3.2.2　相关背景介绍

约翰·华生（John Broadus Watson，1878年1月9日—1958年9月25日）是美国心理学家，行为主义心理学的创始人，1915年当选为美国心理学会主席。其主要研究领域包括行为主义心理学理论和实践、情绪条件作用和动物心理学。他认为心理学研究的对象不是意识，而是行为，主张研究行为与环境之间的关系，心理学的研究方法必须抛弃内省法，而代之以自然科学常用的实验法和观察法。他还把行为主义研究方法应用到了动物研究、儿童教养和广告方面。他在使心理学客观化方面发挥了巨大的作用，对美国心理学产生了重大影响。

早期的科学实验监管并不严格，没有现在审核实验的伦理委员会等机构。

3.2.3　情节描述

（1）事件起因：19世纪初期，美国一位心理学家，为了探究恐惧是否可以后天培养而达到，进行了一系列的心理学实验。

（2）事件经过：约翰·华生认为孩子的天赋、倾向、能力、基因，这些都不重要，孩子的一切都可以通过后天的人为努力塑造出来。并且，教育婴儿不能用感情，脱离感情因素的"客观教育"，才能教出"成功"的孩子。他宣称"只要给我一打婴儿，我随机选出一个，就能把孩子训练成任何类型的人，不论是医生、律师、商人，还是乞丐、窃贼、流氓，统统都可以。"

为了证明自己近乎疯狂偏执的教育理论，他曾经进行了心理学中最具争议的实验之一：小艾伯特实验（Little Albert Experiment）。

小艾伯特的妈妈是诊所的奶妈，没什么文化，儿子被挑中后，她听说每天可以拿到几美元的实验参与费，同意了。她并不知道，这样的实验，会给儿子的心理和生理带来怎样的后果。

在这个实验里，华生将一个只有11月大的婴儿作为自己的实验对象，极尽各种方式，反复刺激、恐吓无助、毫无反抗能力的孩子，探寻在各种条件刺激下，人类是如何产生"恐惧"的。

实验开始前，华生拿了一堆普通的物件给小艾伯特接触。里面有实验用的小白鼠、兔子、狗、猴子，有头发和无头发的面具，以及棉絮、焚烧的报纸等。小艾伯特对这些物品没有表现出任何恐惧，还好奇地摸了摸小白鼠。

实验第一阶段，华生将小白鼠放进婴儿房间，然后在小白鼠接近婴儿时猛烈敲击铁棒，使小艾伯特惊恐万分。就这样小白鼠在他的脑子里将痛苦、惊吓、眼泪联系到了一起。

实验第二阶段，华生带了一只活兔子到实验房里，放到了小艾伯特的面前。小艾伯特一见到兔子就开始不可控制地大哭起来，对这些毛茸茸的东西，他已经有了不可逆转的恐惧。之后的实验，不论什么毛绒的物体，只要出现在小艾伯特面前，不需要任何外界刺激，恐惧都会牢牢占据他的内心。

通过整个实验，华生得出了自己想要的结论：人的恐惧，是可以被制造出来的。

（3）事件背后的真相：①科学家为了自己利益做一些有悖人伦的实验，没有道德底线；②早期社会和公众对科学实验的监管不到位。

3.2.4　原因分析

科学家本来应该受世人尊敬，科学实验对人类发展本也是十分有益，但为什么这个心理学实验引起了如此的轩然大波呢，其中的问题到底出在了哪呢？

在笔者看来，人们对这个心理学实验反感，一是因为他违背了孩子母亲的知情权，因为孩子母亲文化水平低，就隐瞒真相。二是因为科学家明明知道这个实验是有悖人伦的，却钻了社会监管不到位的空子，依旧去做这个实验。

这难道不是程序和伦理问题吗？

（1）忽视了孩子母亲的知情权和选择权：因为孩子母亲文化水平低，不懂利害关系，施以小恩小惠，就骗取了孩子作为实验对象。

（2）违背了科学伦理：科学家明明清楚做这种实验可能对孩子的一生都造成巨大的不良影响，但他依旧为了自己个人的利益，完成了这个实验。

3.2.5　结论和启示

人类以科学的名义，突破道德底线，谋取学术和商业利益，以为科学是照亮黑暗的火把，其实是走入了更深的黑暗。

第一是这名科学家，他应该很清楚做这种实验是十分不道德的，会对这个孩子产生巨大的不良影响，但他依旧为了自己的利益去做了这个实验。

第二是政府，由于出现了对科学实验监管的漏洞，才让这名科学家有机可乘，将黑手伸向了没人保护的孩子。

第三是孩子的母亲，虽然她文化素质不高，但她应该有最基本的常识，这种实验对孩子没有好处，而且还很可能对孩子产生不良影响。

3.2.6　思考题

（1）科学实验如何守好伦理之门？

（2）如何避免这类有悖人伦的科学实验再次发生？

（3）如何推进科研伦理体系建设？

参考文献

[1] 刘敏, 夏绍培. 身体作为科学实验场所的空间意义与伦理法难[J]. 东南大学学报(哲学社会科学版), 2022, 24(2): 16-22.

[2] 杨汉麟. 试论约翰·华生对心理学的贡献及教育思想：以《行为主义的为儿童教育》为中心考察[J]. 中国教育科学, 2017(4): 167-181.

3.3 基因工程引发的伦理问题

内容提要： 20世纪90年代初发现的集群规则间隔回文重复（Cluster Regular Inter Spaced Palindromic Repeats，CRISPR），经过数年的不断完善，于2011年被人类成功掌握，这推动了基因工程的发展。然而在7年后诞生于中国的世界首例基因编辑婴儿，引发了关于基因编辑与工程伦理的广泛讨论。

关键词： CRISPR；基因编辑；基因工程；基因编辑婴儿；工程伦理

3.3.1 引言

2018年11月26日，南方科技大学副教授贺建奎宣称，中国诞生了世界上首个免疫艾滋病的基因编辑婴儿，这对名为"露露"和"娜娜"的双胞胎由于其一个认为与艾滋病传染有关的基因被修改，使得她们先天就能够抵抗和免疫艾滋病病毒（Human Immunodeficiency Viru，HIV）。

3.3.2 相关背景介绍

南方科技大学副教授贺建奎、其助手覃金洲以及广东省人民医院生殖医学中心副研究员张仁礼及其团队，在2017和2018两年间陆续招募了数对夫妻志愿者，均为男性患有艾滋病而女性正常。该团队从女性志愿者体内提取出人类胚胎，并进行CRISPR基因编辑，然后再植入回母体。截至2018年11月底，世界首例免疫艾滋病的基因编辑双胞胎姐妹"露露"和"娜娜"诞生。

3.3.3 情节描述

2018年11月26日，南方科技大学副教授贺建奎在第二届国际人类基因组编辑峰会召开的前一天宣布，本月，在中国健康诞生了一对名为"露露"和"娜娜"的基因编辑婴儿。

他的团队使用CRISPR基因编辑技术，能够按照所计划的方式精确修改实验对象的CCR5 基因。因为该基因转译出的蛋白质是HIV病毒进攻人体细胞的主要目标之一，如果将这部分基因从人类DNA中去除，使得在后续核糖核酸（Ribonucleic Acid，RNA）转录以及蛋白质合成中免去了对应的蛋白质受体合成，从根本上阻断了感染细胞的途径，就很有可能使HIV病毒无法入侵细胞，从而获得对艾滋病的免疫。

2018年11月27日，人民网深圳频道发表了《世界首例免疫艾滋病的基因编辑婴儿在中国诞生》，这是世界首例免疫艾滋病的基因编辑婴儿，也标志了中国在使用基因编辑技术对抗各种疾病方面实现了巨大突破。这一消息一经报道就震惊了全世界，引爆了全球舆论，同时还让贺建奎本人处于舆论的中心。

舆论发酵当天，中国科学技术协会生命科学学会发表声明，对所谓科学研究和生物技术的应用而违背科学精神和伦理道德的行为表示坚决反对。

2019年1月21日，国家卫生健康委员会针对"基因编辑婴儿事件"的调查结果发布回应称，该事件严重违反国家法律法规及伦理准则，并强调科学研究及应用活动应严格按照相关法律法规及伦理准则，并本着高度负责任的精神展开。

2019年12月30日，"基因编辑婴儿"案在深圳市南山区人民法院一审公开宣判。法院审理认为，被告人贺建奎、覃金洲、张仁礼三人在未取得医生执业资格的情况下，追求名利，严重违反国家法律在科研和医疗领域上的规定，践踏道德底线，在前景不明的情况下，在人类辅助生殖医疗领域使用基因编辑技术，扰乱医疗管理秩序，行为恶劣，情节严重，构成非法行医罪。三人均被判处了数年有期徒刑并处罚金数万到数百万不等。

3.3.4 原因分析

以沃森和克里克发现DNA双螺旋结构为界，由于其发现了一个全新的科学体系，因此生命科学的历史要分为两段来写。前一个阶段由于对生命的认识不足以及技术的限制，人们对于生命科学的研究最多只能是通过光学显微镜去探究一个真实但又浅显的世界。而在此之后，生命科学就类似于计算机科学，建立在一个以四种脱氧核糖核酸为基础的虚拟世界上，虽然不可以肉眼直观感受，但不妨碍它将人们带进一个全新的世界。CRISPR技术的诞生使人类的基因工程达到了一个新的高度，由能够看懂"DNA代码"的程度提升到"编辑DNA代码"的程度，使得创造一个从未出现过的基因序列成为可能，而不仅仅是转基因那样类似"打补丁"。

然而该技术用于人类本身却遭到了巨大的非议。对于婴儿本身，基因编辑使得这两个孩子的未来疑云密布，若她们的基因随着生育流入到人类基因库，可能会使人类面临危险，而且该实验打破了既定的科学伦理，使其在最开始就无法令人接受。

同为生物领域的克隆技术，1996世界上诞生了第一只克隆哺乳动物——多莉，然而科学家的努力宛如打开了潘多拉魔盒，民众迅速被超时代的突破清空了理智，克隆就被冠上远超实际的强烈期待——我们距离克隆人还有多远？当整个社会都处于躁动的风暴之中时，科学教育岂能独善其身。

CRISPR技术本身引发了人类历史上最高的专利之争。当一种能够改变。未来的科学技术遇上了血腥的资本时，其中巨大的利益必将引来一场血雨腥风。

贺建奎出于对名誉和金钱的向往，触碰了法律规定毕竟已经有多种行之有效的方法来抵御艾滋病，动用基因编辑的手段仍存在太多问题，并且严重违反了伦理和操作规范：首先是在未取得行医资格的情况下进行胚胎移植；其次是违反国家法律对科研和医疗上的规定，进行生殖为目的对人类基因编辑；最后是践踏了科研和医学伦理的道德底线，在无法对生殖细胞及胚胎编辑的安全性做出有效评估的情况下，贸然将基因编辑技术应用于人类辅助生殖医疗。

3.3.5 结论和启示

基因编辑技术是一项跨时代的技术。从目前所有生命的祖先，那只名为"LUCA"的单细胞确立了生命系统最底层的DNA代码开始，经过了38亿年的风风雨雨，终于诞生一种可以理解甚至操控这种代码的生物,一个新的时代就此展开。

然而当基因编辑技术作用于人类自身时,它就不再是一个纯粹的技术了。它不仅极大程度地干预了演化之手,让基因的改变不仅仅只限于基因突变等自然而然的小概率事件,让需要几万年甚至几十万年才有可能出现变化的生物性状在人类一念之间发生翻天覆地的变化,形成了对自然规律的挑战;同时,还改变了人类自身基因的表达,仅在现在就出现了基因编辑婴儿,那么在其他相关法律不太健全、科技道德伦理遭到践踏、资本翻云覆雨的地方,是否会出现用基因编辑技术优化后代基因,带来真正意义的生理上的天生不公平呢?诸如此类的种种可能将带来了一系列社会伦理的问题。

其次,人类基因技术早已脱离了单单造福人类这一美好的本意(有人用它推动了医学的进步,如生产单克隆抗体,挽救无数病人的生命),有人用它制造可怕的生物武器,也许在某个不为外人知的黑暗角落里,邪恶的种族灭绝武器正悄悄窥视着整个人类。基因工程及其技术就好比一把悬在头上的双刃剑,无论进行再多的研究,因为部分人性的黑暗以及资本的贪婪,无法保证其使用手段的安全性。

最后,如《人民日报》所说的那样:科技发展不能把伦理留在身后。当一项能够改变人类命运以及走向的技术出现时,伦理上的问题就会带来一场大型的科技与人伦的碰撞,会将更多的人拉入一场科学发展与伦理禁忌的探讨中来。因为,这是与人类性命攸关的事业。

3.3.6 思考题

(1)如果该技术能战胜癌症、阿尔茨海默病等目前常见的疾病,而不是艾滋病这种相对难以接触的病,你会支持该以上案例吗?

(2)如果使用该技术用于食品领域以提升产量,用于解决世界粮食危机,你赞同吗?

参考文献

[1] 编辑婴儿一次专业领域的"大跃进"[J]. 科学大观园, 2018, (24): 12-17.

[2] 李建军. 基因编辑婴儿试验为何掀起伦理风暴[J]. 科学与社会, 2019, 9(2): 4-13.

[3] 陈晓平. 试论人类基因编辑的伦理界线:从道法、哲学和宗教的角度看"贺建奎事件"[J]. 自然辩证法通讯, 2019, 41(7): 1-13.

[4] 中国新闻网.聚焦"基因编辑婴儿"案件:科研幌子难掩非法行医事实[EB/OL]. (2019-12-30) [2022-10-12].https:www.china news.com.cn/sh/2019/12-30/9047376.shtml.

3.4　人体冷冻技术引发的道德伦理争议

内容提要: 人体冬眠或者冷冻技术一直被人们津津乐道,因为它涉及的不只是先进的科学,还有其背后蕴含的巨大商业价值,一旦成功,人类将摆脱时间的桎梏，直接通过冷冻穿越到未来！

　　关键词：冷冻技术；责任伦理；公平伦理；技术伦理；医学伦理

3.4.1　引言

　　每发现一个冷冻或者冬眠技术的突破，总会引起业界的欢呼，而2018年5月发表在《多克拉迪生物科学》上的文章尤其给了大家一剂强心针！冷冻技术到底能否普遍应用？冷冻技术有何价值？冷冻技术的危害到底有多大？冷冻技术是否符合伦理？

3.4.2　相关背景介绍

　　俄、美科学家在2018年复活了一种4.2万年前的蠕虫，这种蠕虫长度大约1 mm，它们属于线虫的一种，其栖息区域最深可达上千米，比任何人类已知的多细胞生物都生存得要深。研究人员称，他们"解冻"了两个古老的线虫，它们开始活动并进食。而在西伯利亚永久冻土层中发现的蠕虫，自出世以来就永久性地处于冰冻中，俄罗斯科学家从300多个永久冻土带中发现了几个保存完好的冰冻蠕虫样本，这是在俄罗斯雅库特东北部的阿拉泽亚河附近的化石松鼠洞穴中发现的，据测定这个样本的年龄大约有3.2万年的历史！而另一个样品则来自西伯利亚东北部的科雷马河，这个样本的年龄大约是4.2万年！被成功复活的蠕虫样本就来自这个4.2万年前的样本中。复活后的蠕虫有正常的进食等高级行为，似乎就只是睡了个觉。此前在冻土带中复活的高级生物样本只是一种3万年前的巨型病毒。

3.4.3　情节描述

　　全球人体冷冻第一例是美国大富豪贝德福德在1967年的冷冻案，因为他生前和全球最早在人体冷冻界有狂人之称的罗伯特·尼尔森签署了人体冷冻合约。当年罗伯特·尼尔森一本论述冷冻复活可能性的书——《永生的期盼》，师从"人体冷冻之父"埃廷格博士。

　　罗伯特·尼尔森是如何说服大富豪贝德福德的，这无从得知，或许是因为贝德福德本身就是一位心理学教授，相信贝德福德本身就有永生的奢望，所以就顺理成章地成了罗伯特·尼尔森的客户。贝德福德1967年1月12日去世后，贝德福德的医生就联系尼尔森团队，开始执行冷冻程序。

　　首先用冰水将身体降温，同时使用技术保证心肺活动中，持续供氧并保证体液仍在循环防止血液凝固，然后将全身血液用二甲基亚砜（DMSO）（冷冻保护剂）代替，最后将贝德福德包裹在毯子中，放置于一个充满液氮的不锈钢高罐中，慢慢被冷却至−196℃！

　　此后贝德福德的遗体就一直被保存在不锈钢钢罐中，而罗伯特·尼尔森却数次被"病人"家属数次起诉涉嫌欺诈和违约，因此人体冷冻技术一直就饱受争议。

　　人们已经知道大富豪贝德福德是不可能活过来了，有两个非常关键的因素，首先是他全身血液被二甲基亚砜（DMSO）代替，而这种物质在早期是最理想的血液代替物质，可避免水分子冰冻膨胀导致细胞破裂，但后来发现这种物质对人体有损害，所以这一点上贝德福德就已经死了第二次了。另一个关键则是贝德福德是死亡后被冷冻的，因此这和冰箱里保鲜一块肉没啥区别。从这两点来看贝德福德能活过来才怪！而当前提出的一些复活案例中都是活活被冻，然后再复活的，比如蠕虫。

3.4.4　原因分析

到现在为止全球大约有数百人正在被冷冻中，但没有一人被成功唤醒，而且主要还建立在理想化的几点上：

（1）假如人体或动物的结构能够完好地保存，那么生命可以被停止，也可以被重新启动。

（2）玻璃化冷冻方法能有效地保存人体或生命。

（3）相信未来的分子修复技术可以有效地修复受损（甚至已死去）的生理结构。

所有的这些都没有被验证。

1.责任伦理讨论

针对人体冷冻技术，汉斯·尤纳斯提出了责任伦理的观点。他指出科技发展应对他人及后人负伦理责任，即"当下的行为不能给未来人类的生存造成威胁"。他建议以一种怀疑的态度来看待未知的技术，即在证明这项技术没有危害前，不应该采取行动。他的这一让人耳目一新的观点，曾在世界范围内产生了巨大的警示作用，同时也受到了不少人的批评和怀疑。其中一个重要的观点就是，如果按照尤纳斯"恐惧的启迪"，人们将从负责任走向不负责任，因为放弃行动也是一种"选择"。如果因为不能确定人体冷冻技术的有效性就禁止该技术的应用，对当下渐死的人来说，就是一种不负责任。

2.公平伦理讨论

公正原则是生命医学伦理中非常重要的原则，但又最容易被赋予不同的倾向。不同的哲学家在解释何为公正时就应用了不同的标准。以分配方式为例，平均分配、按需分配、按劳分配、自由市场式的交换分配等，这些分配方式在特定的情况下都可以说是符合公正原则的，许多国家在制定公共政策时，在不同的范围和情境中，会诉诸不同的分配方式，例如失业补助按需分配，个人所得按劳分配，接受基础教育的机会平均分配。可以说，现实中的公正必然要考虑个体差异。

3.技术伦理讨论

目前的人体冷冻手术由于缺少医学伦理的介入，手术准入标准大多依据遗体捐献进行。很显然这种做法不仅对人体冷冻技术的声誉有影响，从根本上说这也只是一种"权宜之计"。倘若出现保存冷冻者的机构倒闭或停止提供保存业务的情况，那么被保存的"遗体"便失去了监管。从医学技术的角度来看，人体冷冻技术本身肯定是有意义的，因为冷冻手术的目标是"暂停死亡"，冷冻者就不能被作为遗体来看待。因此，在运用人体冷冻技术的时候，就必须遵循现代生命医学的四大伦理原则:尊重自主原则、不伤害原则、有利原则和公正原则。

4.医学伦理讨论

在人体冷冻技术领域体现非常特别的是尊重自主原则。一方面，如果一个患者明确表示自己愿意接受人体冷冻技术，那么对他进行这种手术，便没有违背医学伦理，因为他充分体现患者的意志。另一方面，人体冷冻技术并不是"结束生命"，而是"暂停死亡"，它与传统的临终干预技术又有区别。这些区别体现在：①临终干预技术普遍比较痛苦，而人体冷冻则中止了感觉；②临终干预技术只能短暂延长生命，而人体冷冻则可以提供长时间的保存。如果以上分析均成立，那么只要一个人认可没有痛苦且有可能让其真正康复的技术手段，则此人就是愿意接受人体冷冻技术的。人体冷冻技术就像一种急救手段，符合生命医学伦理的范畴。

3.4.5　结论和启示

人类对于"永生"这个话题的讨论从未停止，在科技日新月异的将来，人类能否将"永生"变为现实？对于这个问题的思考，向来存在两种不同声音，这已经不再只是一个关于科学层面的问题，也是一个关于道德伦理的问题。

一部分人认为，科学技术不断地发展和进步，人类的发展存在一切的可能。今人可以完成古人难以预想的事情，那么后人也可以完成今年难以预想和实现的问题，未来只会越来越好。另一部分人认为，生老病死是自然规律，人类永远无法突破这种定律，倘若违背这种规律，必然会受到相应的惩罚。

任何技术都有两面性，不论科学技术如何发展，我们都应该秉持科学、客观、辩证的态度去对待，只有正确地对科学技术进行运用，才能给自然和人类社会带来最大的福祉。

3.4.6　思考题

（1）是否应该限制人体冷冻技术？
（2）怎样才能减少人体冷冻技术带来的危害？

参考文献

[1] 樊一锐. 存在与具身[D]. 上海: 上海师范大学, 2020.

[2] 陈全真, 陈静. 以复苏为目的冻存遗体的伦理问题与对策[J]. 中国医学伦理学, 2019, 32(3): 359-362.

[3] 詹育霞. 冰虫与人体冷冻技术[J]. 小学生学习指导, 2020(Suppl.1): 8-9.

[4] 陈一竹. 人体冷冻"骗局"还是"永生"[J]. 人人健康, 2021(6): 13-17.

[5] 胡莉花. -196℃休眠百年，深度揭秘"人体冷冻术"[J]. 飞碟探索, 2020(6): 110-116.

[6] 杜海涛. 死亡的深度技术化: 人体冷冻技术在死亡问题上的哲学话语[J]. 东北大学学报(社会科学版), 2018, 20(2): 117-122.

[7] 王钟的. "冷冻人"苏醒前不妨思索伦理问题[N]. 科技日报, 2017-08-18(6).

3.5 前额叶切除术案例分析

内容提要：即便现代科技发达的在今天，多种中枢神经系统疾病依然是无法得到有效的治疗和预防，处于20世纪的人们对这类疾病的治疗则更是一筹莫展。耶鲁大学的约翰·富尔顿为了弄清楚大脑不同的部位所对应的功能，通过切除破坏猩猩大脑的前额叶，发现这样可以让它们变得安静、顺从。埃加斯·莫尼斯把这招用在精神病人身上，也可以让狂躁不安的精神病人变得安静听话。美国的弗里曼医生觉得前额叶切除术太过复杂，大大精细化了这项手术，即冰锥疗法，一经发明便大受欢迎。弗里曼十分善于宣传。他成功地说服了新闻界，将这一手术推广给全美的精神病院和医院。在弗里曼的推波助澜下，前额叶切除术在全球惨遭滥用，这正是该手术在今天声名狼藉的主要原因。

关键词：神经系统疾病；大脑功能；前额叶切除；冰锥疗法

3.5.1 引言

大脑每个半球分为四个叶，额叶是其中最大的一个，大约占1/3体积，切除以后人会失去很多功能，包括很大一部分的性格。具有讽刺意义的是，这看来绝对是极端不人道的手术，当年手术的创始人莫尼斯却因此获得了1949年的诺贝尔医学奖。并且此手术被弗里曼推广，用于治疗不听从管理的精神病患者，甚至"治疗"不听话的正常人。

3.5.2 相关背景介绍

在20世纪30年代的美国，社会的混乱加上金融危机的爆发，失业率高达恐怖的25%左右，很多人连基本的温饱都得不到保障，在这样一个环境下，很多普通人陷入了无尽的迷茫和恐惧中。在这样的压力刺激下，短短几个月，美国就诞生了90万的精神疾病患者，致使当地的医疗系统基本瘫痪，再加上当时的医生对于精神疾病的治疗水平有限，大部分的精神疾病患者就算已经住院，医生也是束手无策。当时的精神病院像是低配版的诏狱，对精神病的治疗手段包括但不限于捆绑、拷打、电击、喂鸦片，足以把正常人变成精神病患者。

3.5.3 情节描述

1.相关科学研究

耶鲁大学的神经学家，约翰·富尔顿为了弄清楚大脑不同的部位所对应的功能，找了两只大猩猩，通过切除破坏猩猩大脑不同的部位，来研究对猩猩的影响。在一次实验中，富尔顿意外破坏了两只猩猩的大脑前额叶，发现狂躁的猩猩突然变得安静、温顺，不再抓狂乱叫。富尔顿转念一想，这不正是治疗精神疾病的方法吗？于是富尔顿将这一研究结果，发表在了1935年伦敦举办的"第二届世界神经疾病学"年会上。

于是，给猩猩做手术可以让猩猩变乖的实验结论，给了当时很多的医学专家"灵感"，其中一个叫埃加斯·莫尼斯的医生感悟最深。他很快就想到，既然破坏猩猩的前额叶，可以让它们变得安静顺从，那如果把这招用在精神病人身上，岂不是也可以让狂躁不安的精神病人变得安静听话吗？莫尼斯在助手的帮助下，开启了世界上首例精神病人前额叶破坏手术，手术的过程极其残忍（在后来才发明了专业的手术器具）。莫尼斯的手术成功了，紧接着莫尼斯又找了20位精神病患者，对他们实行了同样的手术，手术过程没有任何伤亡，术后的病人也变得极其温顺，不再癫狂了，不吵不闹，就像猫咪一样乖。莫尼斯草草地下结论说"额叶切除术是一种简单、安全的手术，很可能是一种可以高效治疗精神障碍的外科手术"。于是莫尼斯凭借这项技术，成功地拿下了1949年的诺贝尔奖。

2.发展顶峰

因为能"治愈"人类数千年治不好的精神病，莫尼斯立马成了全世界许多神经外科医生的偶像。而在他的众多追随者中，最具创造性的当属美国的弗里曼医生。弗里曼觉得之前的前额叶切除术太过复杂，需要对病人进行麻醉，这需要专业的麻醉师，然后还需要专业的脑外科医生，在颅骨上开洞，这大大地提高了手术的成本。弗里曼大大精细化了这项手术——冰锥疗法。具体的操作就是：先把病人重度电击麻痹；病人进入无意识状态后，通过在每只眼睛的上面刺入破冰锥并通过徒手搅动破冰锥来切除前额叶。这种手术不但简便快捷，而且还不需要很严格的消毒措施，只需要简单的电击工具、破冰锥、小锤子和简易的手术台便可执行，因而一经发明便大受欢迎。

更可怕的是，弗里曼十分善于宣传。他成功地说服了新闻界，几乎是单方面地将这一手术推广给全美的精神病院、医院和诊所。他还经常带着包括电击工具、冰块和小锤子的便携工具箱进行巡回演出，以便推广他的"杰出"发明，并且因此赚得盆满钵满。这在公众和科学界引起了轰动。一时之间，这种本该是治疗严重精神病的最后手段在大众的心目中俨然成了能解决一切问题的灵丹妙药。

就这样，在弗里曼的推波助澜下，前额叶切除术开始惨遭滥用，这正是该手术在今天声名狼藉的主要原因。20世纪40年代后半段，加之第二次世界大战导致了大量精神疾病患者，该手术席卷了欧美各国。令人痛心的是，额叶切除术"治疗"的对象主体已经由之前的严重的精神病患者转变成了暴力、智力低下、犯罪等。在日本，主要的手术对象是小孩，他们中的许多人仅仅因为调皮或者学习成绩不佳就被家长送去切除前额叶。在丹麦，政府专门为这类"新型疗法"建造了大量医院，而针对的"疾病"则是从智力低下到厌食症，简直无所不包。

3.走向衰亡

早在20世纪30年代末，额叶切除术对人格的负面影响就已经开始零星被报道。随着手术的普及，尤其是"冰锥疗法"问世后，情况变得糟糕起来：病人精神病症状有所减轻的同时也出现了严重的后遗症，这些病人高级思维活动被破坏，变得像行尸走肉一般，温顺、昏睡、沉闷、冷漠、无精打采、六神无主、神情呆滞、任人摆布，从此一生就生活在无尽的虚无之中。一位母亲甚至这样描述她接受过前脑叶白质切除术的女儿："我的女儿完全变成了另一个人，她的身体还在我身边但她的灵魂却消失了。"一个很出名的例子是美国总统肯尼迪的亲姐姐罗斯·玛丽·肯尼迪（Rose Marie Kennedy）。为了治疗她的智力障碍，1941年弗里曼为她实施了额叶切除术。手术的结果非常糟糕，肯尼迪小姐手术后智力不增反降，据称只拥有 2 岁儿童的智商，最后落得终身生活不能自理。

最后，大约在1950年，反对额叶切除术的声音终于引起了全社会的注意。大批学者认为额叶切除术的好处的科学证据还不够充足。一项对1942年至1954年在英格兰和威尔士进行了额叶切除手术的9 284名患者的调查表明，41%的患者恢复或有明显改善，28%稍微改善，25%显示无变化，2%恶化，4%死亡。这个结果令人心痛，因为即便不进行任何治疗，63%左右的精神疾病患者也会自发得到改善，这个比例在精神分裂症患者中大约为30%。因此，这些患者中的大部分人其实是没有必要切除前额叶的。

时至今日，人们已经明白，如果说大脑是人体的"司令部"的话，前额叶则是司令部里的"总司令"。人类的前额叶约占大脑皮层总面积的1/3，直到25岁左右才基本发育完全。前额叶与其他脑部结构之间的神经联系非常复杂，功能繁多，涉及的范围远超精神病患者们所需改善的行为。但大致说来，前额叶主要负责高级认知功能，比如注意、思考、推理、决策、执行任务等。

3.5.4　原因分析

从该手术兴盛的历程中，可以看出真正值得批判的是该手术在全球遭到滥用的背后推手。

首先，当年脑科学的研究尚且肤浅，外科专家常依靠个人的经验进行手术，对术后效果的评价也没有客观、可信的标准。毕竟，正是由于莫尼斯轻率地说出"额叶切除术是一项安全可靠的手术"，才开启了这一悲剧。

其次，某些学者私心膨胀、过分吹嘘，弗里曼医生过分简化手术流程，在受到业内人士广泛质疑的情况下，依旧四处鼓吹，推销他所改进的"冰锥疗法"。这无疑加剧了悲剧的发生和扩大了悲剧的伤害范围。

最后，特殊的时代背景造成了特殊的悲剧。第二次世界大战，不但在战场上吞噬了数千万的生命，在战争之外也杀人无数。如果不是二战导致的大量精神疾病患者让原本条件艰苦的医疗系统不堪重负、让家庭支离破碎，前额叶切除术恐怕也不会那么流行。

3.5.5　结论和启示

通过回顾该技术的出现、发现查至衰退的历程，人们能够明白科学技术进步对人类的重要性。在可靠的药物被开发出之前，并没有有效的治疗方法可以治疗精神疾病。即便前额叶切除手术的副作用再大，即便科学家和公众如何猛烈地抨击这项手术，都依旧会有无路可走的患者去选择这最后一根救命稻草。而且，这一悲剧的终结也正是科技进步的结果。同时，比较可惜的是，其实在该手术流行的期间，已经有不少学者揭示了前额叶皮层对于人类高级认知功能的重要性，并呼吁停止执行该手术。奈何，理智的声音被淹没于狂热情绪的洪流。可见，推进学术思想的交流和传播是多么重要的一件事情啊！

3.5.6 思考题

（1）谁该为数十年的全球医学惨剧负责？
（2）前额叶切除术是有害的吗？
（3）医学研究者应该怎样加强自身的伦理意识？

参考文献

[1] 徐秉烜, 杨以谦. 前额叶切除对于猕猴延缓反应的影响[J]. 生理学报, 1965(1): 89-97.

[2] 杨以谦, 杨振荃, 徐秉烜. 前额叶切除对于猕猴分辨反转的影响[J]. 心理学报, 1980(3): 323-327.

[3] 符征, 李建会. 前额叶皮质切除术的实践与教训[J]. 医学与哲学(A), 2012, 33(12): 6-9.

3.6 "毒胶囊"事件

内容提要：2012年，中央电视台质量调查节目揭露了河北等全国多地的工业明胶企业和药用胶囊企业，利用铬含量超标的皮革下脚料为主要原料制造工业明胶，又将其作为药用胶囊的原料。这种有害胶囊被销售至小药厂、保健品厂和医院等多地，还被青海格尔丹东和吉林海外制药等大厂洽购使用，涉及多个企业。

关键词：医用食品安全；毒胶囊；皮革下脚料

3.6.1 引言

2012年4月15日曝光的"毒胶囊"事件中，河北学洋明胶蛋白工厂非法制造工业明胶，其用皮革下脚料作为原材料，后被销售至浙江等多家生产药用胶囊的厂家。海外制药、四川蜀中、修正药业、通化金马等多个企业采购并使用毒胶囊产品，涉及9个药厂生产的13批次药品。医药和食品安全再次引发民众极大关注。

3.6.2 相关背景介绍

2004年，中央电视台《生活》节目的一栏目中披露了河北省阜城和山东省博兴部分地区胶囊制造厂家的不法行为。这些企业在生产口服药用胶囊时，不但使用来路不明的原料明胶，而且整个制造流程中存在大量卫生安全隐患，制造环境肮脏恶劣、工作人员徒手操作、整体卫生状况糟糕等。节目曝光后，当地政府展开了为期三个月的集中治理整顿，在小范围内进行了清查。但这起事件未得到国家药监局等相关部门的重视，没有在全国范围内对胶囊产业进行整治，为后续"毒胶囊"事件的爆发埋下了隐患。

2012年4月9日，央视主持人赵普在微博上发布一则文案，劝广大网友们不要再吃老酸奶和果冻，因为内幕令人震惊。这便引发了网友们对工业明胶的热烈讨论和关注，问题胶囊得以曝光于世。"毒胶囊"事件自此进入公众视野，并迅速引发了群众对国家药品安全和管控的质疑。

3.6.3 情节描述

3.6.3.1 事件曝光

2012年4月15日，中央电视台《每日质量报告》的一期节目曝出了震惊全国的"毒胶囊"事件。河北一些企业使用生石灰来浸泡皮革下脚料，随后对其进行颜色的漂白和清洗，随之熬制成工业明胶，交易销售到浙江新昌一带的厂家，制成药用胶囊卖到药品企业，最终流通到市场，进入消费者的肚子里，如图3-1所示。

图3-1 毒胶囊的来源

按《中华人民共和国药典》规定，生产医用胶囊的原材料要求很高，至少要达到食用明胶程度，且出厂检铬，铬含量不得超过2 mg/kg。但是，所曝光的这些胶囊没有对重金属铬进行检测，而是直接包装成箱，贴上合格证出厂。经中国检验检疫科学研究院综合检测中心反复检测确认，涉及9家药品生产企业生产的13个批次的胶囊剂药品（见如图3-2），所用胶囊的铬含量超过国家标准规定2 mg/kg的限量值，其中超标最多的甚至高达标准的90多倍。

13个铬超标的胶囊产品			
生产企业	药品名称	产品批号	铬含量/(mg·kg⁻¹)
青海省格拉丹东药业有限公司	脑康泰胶囊	1108204	39.064
青海省格拉丹东药业有限公司	愈伤灵胶囊	1008205	3.46
长春海外制药集团有限公司	盆炎净胶囊	20110201	15.22
长春海外制药集团有限公司	苍耳子鼻炎胶囊	20110903	17.65
长春海外制药集团有限公司	通便灵胶囊	20100601	37.26
丹东市通远药业有限公司	人工牛黄甲硝锉胶囊	20111203	10.48
吉林省辉南天宇药业股份有限公司	抗病毒胶囊	91102	3.54
四川蜀中制药股份有限公司	阿莫西林胶囊	120101	2.69
四川蜀中制药股份有限公司	诺氟沙星胶囊	911012	3.58
修正药业集团有限公司	羚羊感冒胶囊	100901	4.44
通化金马药业集团股份有限公司	清热通淋胶囊	20111007	87.57
通化盛和药业股份有限公司	胃康灵胶囊	111003	51.45
通化颐生药业股份有限公司	炎立消胶囊	110601	181.54

图3-2　涉及药企及药品

3.6.3.2 "毒胶囊"的危害

药用胶囊主要制作材料是明胶，现在国家规定其达标标准是食用量级的。食用明胶是一种对人体不造成损伤的胶原水解产物。常见的工业明胶是从动物的相关组织水解提取出来的蛋白质，在食品中主要起乳化和黏合等功效。曝光的"毒胶囊"之所以有毒，是因为其是由皮革废料再处理生产的。皮革在生产制作中要使用含铬的鞣制剂，从而导致胶囊重金属铬含量超标。

常见的铬是以微量形态存在生物和自然界内，其在人的身体内是重要的微量元素，但一旦过量摄入反而对身体有伤害，尤其六价铬。如果长时间且高剂量接触铬，可能对人体肝、肾等器官造成重大的损伤，如果在人体内一直存在，也有致癌或诱发基因突变的可能性。

3.6.3.3 事件调查

1.原料的加工处理

（1）多家企业偷用问题明胶。浙江省新昌县儒岙镇素有"胶囊之乡"的美称，这里分布很多胶囊生产厂，每年的胶囊产值约占全国的1/3。调查发现，这里出厂的胶囊价格相差很大，同一个型号的胶囊价格低的一万粒只能卖四五十元，价格高的比其高出20多元，甚至达到100元。而胶囊价格与明胶原料的质量好坏有关，就厂家而言，使用相对便宜的明胶可大大降低成本。记者暗访新昌县多家胶厂发现价格区分就在是否悄悄使用了一种用白色编织袋包裹着的明胶，其外观与高价明胶并无差异。

（2）河北正规厂家年产上千吨。历经6个月，记者们发现这些白袋子明胶主要来源于河北、江西等地。经过十多次的前往，记者们追查到了地处衡水市阜城县的河北学洋明胶蛋白工厂，其是一个已取得了食用添加剂产品生产许可的民营企业，并拥有年产上千吨明胶的产能规模。仅在一年里，该厂便产出了一千余吨的这种白袋子明胶产品，而部分销售至浙江省新昌地区的药用胶囊企业。

（3）廉价"蓝皮"制作明胶。白袋包装的明胶为什么价格低，因为采用了低价"蓝皮"做原材。这种"蓝皮"，就是从毛皮厂里鞣制后的皮革上剩下的边角料，一吨只卖几百元的价格。鞣制后的皮革料，一般被用于生产日常服用品等。在学洋明胶蛋白工厂里，记者们看到了蓝皮胶的真实情况，形形色色的碎皮子如同垃圾和废料一般堆积成了小山，并发散着令人难以接受的恶臭，如图3-1所示。

整个加工过程让人作呕：首先用生石灰水将这种又臭又脏的皮革下脚料浸泡，使其膨胀；接着又用工业强酸强碱使其褪色，然后再经过反复洗濯等工艺处理，最终得到看起来又白又嫩的，与新鲜动物皮肤并无二致的皮子；接下来将洗净的皮子熬制成胶液，在熬制锅里还能看到皮子里夹杂着异物；最终熬出来的透明胶液，再通过浓缩、凝胶、晾干、粉碎等加工工艺后，就成了淡黄色的"蓝皮胶"了。而对这些明胶在我国有明令规定，禁止其用于食品和药物原材料生产。

用又脏又臭的"蓝矾皮"制造的明胶，被分别装到两种包装袋后销售到不同地方。一种无标识包装的明胶被低价卖到浙江等地的胶囊工厂，另外一种上印着"工业明胶"字样的则被作为工业生产黏合剂销售到各种厂家，如图3-3所示。

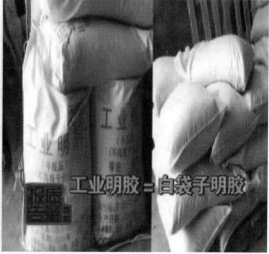

图3-3 "蓝皮胶"的制造和流向

2.胶囊的制造

在河北、江西两地利用皮革废料加工生产出大量工业明胶后，通过白塑料袋的包装物作掩饰，利用隐蔽的黑色产品销售途径，假冒合格明胶，进入中国浙江省新昌的部分胶囊剂工厂，被大量生产加工药用胶囊。

（1）加工制造过程极其不卫生。医药食品的制造与加工过程必须符合标准卫生条件。然而在新昌县的一些胶囊工厂是另一番"光景"：员工无需消毒，便能随时进出制造厂房；进行挑拣整理的工作人员径直用手触及胶囊；落在地上的破碎胶囊连同切割下来的胶囊废弃物一同回收利用。

（2）用化学原料杀菌去污。这些工业生产明胶原材料，在机械加工成药用胶囊剂前，必须要用有机溶胶，并按照药厂的生产要求加入各类食品色素加以调色。但因为这些工业生产的明胶并不洁净，需要一定程度的杀菌去污，工厂则在有机溶胶调色的操作过程中加入了特殊生化原材料"十二烷基硫酸钠"。就这样，经过一系列明胶溶液和胶囊废料混合、色素调色、原料洗涤的操作，最后就成为了加工药用胶囊的胶液。最后经过裁剪整理，便加工制成了各异颜色的药用胶囊，如图3-4所示。

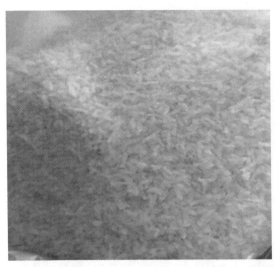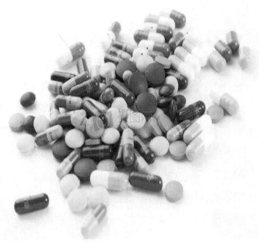

图3-4 "毒胶囊"的诞生

3.销售的途径

调查得知，这种"毒胶囊"除了销售给小药店、保健品企业外，还销往了部分大药厂，如青海格拉丹东和吉林省海外药厂。吉林长春海外制药集团公司的一份化验单就暴露了大问题，该公司所用一个胶囊厂的胶囊剂数量达到两千多万粒，但并未经过任何检验就在铬的检测项目填写上了合格的结果。

4.事件后续

在"毒胶囊"事件曝光后的几小时内，河北学洋明胶蛋白工厂的经理宋训杰放火烧掉本公司的资料，最终致使整个办公楼烧毁。当日下午浙江省新昌县紧急查封处理了曝光的相关问题企业，同时对4名企业负责人实行控制，后续县警方抓获22名涉案人员。16日，国家食品药品监督管理总局也发出紧急公告：要求对所曝光的13个胶囊药品立即停止销售和使用。紧接着在我国多省市掀起了开展"毒胶囊"调查清查活动，重点停售封存涉及的13个产品，并派员去现场督察和产品检验。

5月25日，经过一个多月的调查后，国家食品药品监督管理总局公布了当前我国存在生产铬超标的问题药物的生产企业，总量为254个，约占我国总胶囊药物生产企业的12.7%，并同时发布了各省（区、市）铬超标生产批次名单。当地药监局服从命令，严肃查处了有关问题单位，公安部门同时依法处理。截至当时，全国各地区共立案调查胶囊剂药品制造厂家236家，停业整改42家，封锁生产线84条，撤销药用胶囊生产许可7家；交接公安部门查处的明胶厂和胶囊制造企业13家。

2012年8月3日，国家食品药品监督管理总局披露，铬超标胶囊剂类药物的处理已经结束，6个省（市）有关负责人已接受调查处理。8月6日，国家食品药品监督管理总局发布《强化药用辅料监管管理的规定》，进一步明晰了药品生产企业、药用辅料制造企业、监管部门各方的职责，并确定了对药用辅料的具体监管管理方法，同时建立了信息公开发布、延伸市场监督、社会监督的工作制度。

小小的胶囊，关乎着药品质量安全，关系着全国患者身体健康，更关乎着国家法律和制度的尊严。"毒胶囊"曝光后,国家食品药品监管局等多个部门采取措施,但后继几年仍有该类事件发生。2014年3月,福建三铭、沂水恒源胶业等明胶厂被曝光加工生产不合格明胶,采用工业盐、硫酸碱等处理的工业垃圾皮来生产药用或食用明胶,又掀起了一阵明胶风波。2014年9月1日,浙江宁海又查处了一起 "毒胶囊"案件,查获在非法生产窝点现场的胶囊,还得知在5个月的时间内该厂家生产的胶囊数量达到了9 000万粒左右,且都进入了流通市场。2016年,素有"中国胶囊之乡"的浙江新昌儒岙镇被当地警方查获了潜伏了17年之久的"毒胶囊"生产窝点。在该非法生产窝点共查获了"毒胶囊"1 595箱和206袋,合计1.355亿粒。

3.6.4　原因分析

该类重大医药食品安全事件的层出不穷,主要是以下原因:

（1）企业唯利是图、法律意识淡薄,缺乏社会责任。原材料供应厂商利用工业废料制造工业明胶后,胶囊制造公司便与其低价达成合作,将工业明胶购入后加工制造成药用胶囊,与部分药企合作。部分药企明知此类胶囊不合法,却仍投入药品生产使用。胶囊生产线上的三方都清楚"毒胶囊"的前因后果,但彼此间仍互相勾结串通,为企业利益而完全无视了消费者的生命健康安全。企业品德的败坏,社会责任的缺失,是对法律的忽视和对消费者合法权益的损害。

（2）政府监管部门监管力度不够。"毒胶囊"为什么能生产制造并流通到市场?这反映出政府监管的失职。正是这种监管的乏力才造成这样重大的医用食品安全事故。整个事件的曝光看似突发,实则是一种长期潜在存在,整个黑色产业链已被从业者和药监机关所熟知。不过,出于各种利益因素（税收、当地人员的就业等）、产业效益等,他们往往还是就此问题"充耳无闻",或是"点到即可",而未能加以有效地严厉打击,从而使得违规的企业更加堂而皇之。

（3）法律制度不完善,法律实施不普及。就当时而言,相关的医药管理法在流通环节,也就是生产过程监督管理方面最薄弱。事故发生的另一主要原因是,国家立法规范不严格导致医药生产企业违法成本过低。而有些不法生产商就充分运用这些漏洞,知法犯法,从中谋取巨额收益,置民众的安全于不顾。

3.6.5　结论和启示

本节主要介绍了2012年4月15日所曝光的"毒胶囊"事件。河北等地的明胶厂使用皮革废料制造工业明胶,随即将其销售给浙江一带胶囊生产厂家;而这些胶囊厂除了使用非法原料,同时整个生产过程中还存在巨大卫生安全隐患;这种"毒胶囊"还被药厂等低价购入并流入市场,其中不乏知名大药厂;最终进入消费者腹中。国家相关部门采取相关措施解决后,仍有这类事件相继曝出。

本节重点介绍的是一例从原料制造、胶囊生产到最后的药品销售都存在违法行为的重大药品安全事故。这反映了相关企业、国家相关监管部门及法律制定等环节存在的问题。想要解决并防控这类医药食品安全事件的再发生,主要措施如下:

（1）健全相应的规章制度，强化处罚措施。在中国药品安全监管方面，药品加工管理不规范，且食物的质量标准也不统一。这样就造成了权责不清，甚至无人监督。所以对现行的法律制度国家需要再补充再完善，以弥补相关立法漏洞、完善药品安全监管。另外更加明晰的监督主体也极其重要，尤其是政府机构。一旦发现此类药品安全的犯罪行为，严肃处置肇事企业，并加大处罚力度，深究其法律责任，在其行业和社会上达到震慑的效果。另外，健全我国的药品安全信息系统也是必不可少的。

（2）行政监管部门强化监管力度，践行政府监管责任。药监部门要严格落实自身的监督责任，强化监督能力，违法必究，决不能不作为或有偏袒。提高政府机关部门人员对人民生命安全负责任的意识，树立执法意识，落实好政府部门的基本职责，以促进社会整体道德的发展与健全，推动经济社会和谐发展。

（3）进一步完善公司的伦理道德建设，重建企业伦理文明。企业自身应提高社会责任心，明确并履行自己的社会责任。公司在寻求公司利润的过程中也应该充分考虑社会权益，不应将盈利作为唯一准则和目标。企业要健康发展，就应该恪守职业道德，守法经营，诚实经商，始终贯彻以人为本的科学发展观，把消费群体本身的权益放到公司产品的出发点和落脚点上，把社会效益放到第一位，保持社会效益与经济效益的共同统一，唯有如此企业方可取得长久发展。

（4）新闻媒体与大众发挥其监督功能。近年仍有这类食品、药品安全问题的接连曝光，新闻媒体作为社会纽带，必须加强对食品、药品安全问题的传播宣传力度，以增强国民的安全意识。作为消费者，人们也要提高自己的鉴别能力，一旦发生涉嫌侵害自身合法权益的事，应当积极维权。这是大家作为消费者的权力，也是作为国家公民的责任与义务。所以，对于危及群众生命安全和身体健康的行业潜规则，绝不能事不关己。

3.6.6　思考题

（1）类似"毒胶囊"这样的食品、药品安全问题多次发生，有何解决措施？
（2）消费者遇到食品安全事故，该如何维护自身合法权益？

参考文献

[1] 刘益灯, 朱志东. 我国药品不良反应监管机制问题及对策: 以欧盟经验为借鉴[J]. 政治与法律, 2016, 256(9): 108−117.

[2] 中国政府网. 加强药用辅料监督管理的有关规定[EB/OL].（2012−08−02）[2022−10−20]. http://www.gov.cn/g2dt/2012−08/02/content_2197295.htm.

3.7　3D生物打印专利权问题研究

内容提要：3D生物打印融合了计算机技术、材料技术和生物技术等高新技术，有着广泛的应用前景，但同时存在被滥用于人体复制、非医学目的的增强等领域的问题，具有潜在的伦理风险，同时3D生物打印技术也会对现有的专利制度造成冲击。3D打印人体器官虽是科学研究人员的智力成果，但其取材于人体细胞，具有与人体器官相似的功能，是否能当做创新的产物，是否应当受到知识产权保护等问题亦未有明确规定。

关键词：3D生物打印；伦理风险；专利

3.7.1 引言

近年来，随着3D打印技术取得的突破，其在医疗领域成功应用的事例逐渐增多，3D生物打印所具有的革命性的制造能力使其在生物医学领域有着广泛的应用前景，具体表现在人造器官技术的发展、医疗手段的革新和药品研制模式的创新等诸多方面。但作为一项高新技术，人们在关注其给人类带来福音的同时，也要重视其可能产生的伦理问题。

3.7.2 相关背景介绍

3D生物打印使用了3D打印中的增材制造原理，但又有着独特和进步之处。其中包括3D生物打印使用的高度专业化的生物材料，有时被称为"生物墨水"，这些聚合物和活细胞的配方也是3D生物打印领域的高门槛，就像可口可乐风靡世界的"独门秘籍"一样不为旁人所知，3D生物打印领域的研究成果正在引领生物打印走向制造植入物、组织，甚至是器官的道路。

2011年，荷兰一家生物3D打印公司Layer Wise为一名83岁的患者打印了一个移植到人体后还能够让颌骨肌肉再附着以及槽神经再生的下颌；2012年，世界上首例3D打印人体气管支架被成功植入人体；2013年，美国康奈尔大学研究人员结合3D打印技术以及活细胞制成的可注射胶，利用牛耳细胞打印出与人耳几乎完全一样的假耳，可用于先天畸形儿童的器官移植。英国赫瑞瓦特大学首次实现利用人体胚胎干细胞来打造移植用人体组织和器官，使3D打印技术从无生物活性打印时代迈入生物活性打印时代。

3.7.3 情节描述

通用电气公司（General Electri）的微生物学家Ananda Mohan Chakrabarty开发了一种细菌（源自假单胞菌属，现在被称为假单胞菌），该细菌能够分解原油，并且他提出将这种细菌用于处理石油泄漏。通用电气公司以Chakrabarty为发明人在美国为这种细菌提供了专利申请。但是这一申请被审查员拒绝了，因为在那时的专利法框架下，"活的有机体"被普遍认为不属于美国专利法101条所规定的可专利主体。

专利上诉与冲突委员会坚持之前的判决，然而，海关与专利上诉法院（CCPA）撤销了专利上诉与冲突委员会的判决，转而支持Chakrabarty。海关与专利上诉法院认为：微生物是活的这一事并不具有法律意义（the fact that micro-organisms are alive is without legal significance）。专利商标局的委员Sidney A. Diamond上诉至最高法院。最高法院在

1980年3月17日开庭审理，并于1980年6月16日做出判决。美国专利商标局（United States Patent and Trademark Office, USPTO）于1981年3月31日授予该细菌专利。

1980年美国联邦法院关于客体及于"阳光下任何人造之物"，对其范围的解释既包括人工培植的微生物品种，也包括从人体分离得到的器官。但是同样是美国联邦最高法院，在2013年的"Mriad生物公司专利案"中判决认为"被分离的DNA片段并非可专利的主题，因为遗传信息既没有被创造也没有被改变"。取消了两项基于人类基因而授予的专利，并且美国专利商标局随后也修改了专利审查的标准以适应该判决的意见。尽管该项判决在反驳专利权人Myriad公司的意见时，也认为现有的专利法律不允许对人体组织授予专利，但是根据判决的意旨，通过人工手段获取的生物体及其组织不应当被排除授予专利的可能性。

由此可见，在关于3D生物打印方面，面临的也是这样的问题。一方面3D打印人体器官取材于人体细胞，具有与人体器官相似的功能并可以替换人体器官，但另一方面其也是科学研究人员的智力成果。

3.7.4　原因分析

3D生物打印技术是组织工程和再生医学的一项有用工具，然而它的运用也产生了模糊现有的监管和知识产权的界限和分类的问题。根据现有的知识产权法，3D打印人体器官不属于著作权、专利权和商标权中的任何一类。

目前，在3D打印人体器官可专利性方面，存在两种对立的观点。

（1）肯定说。3D打印人体器官的专利，可以有效促进生物医学技术的进步，解决人类医学史上器官移植手术中器官缺乏的世界性难题，增加社会总福利。在我国，从人体分离出来的产品是可以申请专利的。3D打印人体器官主要是利用3D生物打印技术，将从人体中提取的细胞加以技术化处理，最终打印出与人体相分离的器官，这种生物技术符合我国产品申请专利的要求，故支持将其纳入产品专利技术主题范畴。

（2）否定说。一方面3D生物打印产品违背了专利法中的道德原则，所以其不能被授予专利。我国专利法第一章第五条明确规定："对违反国家法律、社会公德或者妨害公共利益的发明创造，不授予专利权。"另一方面，这也违背了社会公平原则。3D生物技术取得的成果，离不开国家财政的支持，而国家财政又取之于民，因此这就要求这项技术必须惠及每位社会公民。然而，专利独占性的特点，不能保证每位社会公民都能享受该专利的成果，所以，该技术违背公正原则，不支持其取得专利。

3.7.5　结论和启示

毋庸置疑，3D生物打印技术的出现，促进了人类社会科学的进步，能够对社会产生良好的影响。但是，因为这项技术涉及道德伦理的问题，必须理性对待其在专利授予方面的问题，避免这项有利于人类事业发展的技术成为不法分子牟利的途径。一方面，要注重知识产权的保护，学习借鉴别国在商标专利方面的有益做法，切实监管3D生物打印技术的动向；另一方面，肯定3D生物打印技术的创新和研发，鼓励科学技术的开展和进步，同时，切实引导该项技术的正确运用，为社会大众谋求最大的福利。

3.7.6 思考题

（1）3D生物打印对现实性的非医学治疗目的的增强技术以及未来性的人体复制会造成何种影响？

（2）应对3D生物打印伦理问题的举措有哪些？

（3）如何完善生物打印技术专利的法律规定？

参考文献

[1] 凡庆涛, 杜赟, 周雷. 全球3D生物打印技术基于专利信息的发展态势分析[J]. 中国组织工程研究, 2021, 25(12): 1891–1897.

3.8　人体芯片植入带来的伦理问题

内容提要：人体芯片植入技术在给人们带来便利的同时，也产生了相应的伦理问题。本节基于Epicenter公司为员工植入芯片的案例，对人体芯片植入技术进行伦理分析。笔者认为，这一技术主要有三个突出的伦理问题：自由问题、安全问题和异化问题。

关键词：人体芯片植入技术；伦理问题；自由；安全；异化

3.8.1 引言

据英国*Daily Mail*报道，瑞典斯德哥尔摩的 Epicenter公司对本公司的员工实施了人体芯片植入技术，采用的芯片应用的是近场通信技术（NFC）。员工可自愿选择是否将微型芯片植入自己手中。截至2017年7月，Epicenter公司2 000多名员工中已有大约150人接受了公司的芯片植入技术。这一芯片植入手术的方式是在接受者手上进行半无痛注射，手术植入时间不到一分钟，植入的芯片如米粒大小。

Epicenter公司的联合创始人兼首席执行官Mesterton 表示，给员工植入芯片带来的最大好处是便利 。因为植入人体的芯片可以代替很多东西，如同万能钥匙和全能身份验证卡一般存在，被植入芯片的员工面对开锁、刷卡支付和操作打印机等事务时，都不需要再用其他辅助性的物品，只需用植入手中的芯片即可。同时，芯片内能够存储通信资料，可通过智能手机进行通话。不仅如此，这一芯片还可以对员工的行为进行更为精准的监督。

3.8.2 相关背景介绍

3.8.2.1芯片介绍

人体芯片是一种利用无线射频识别技术开发的可以植入人体的芯片，存储和传输信息功能只是植入芯片的初步应用，未来还有极为广阔的潜力空间，如增强人体感知、治疗精神疾病等。由于其在医疗、安全和经济等领域的应用前景非常广阔，吸引了不少资源的投入。

3.8.2.2公司介绍

Epicenter 公司将人体芯片植入公司员工的做法，在社会上产生了极大的反响，也有力地推动了这项技术在现实中的运用。许多人认为这类做法将会得到更多的推广和应用，因为这是人类与机器完美结合的典型，有助于人类自身得到更多的发展。但笔者认为，这项技术在给人类带来便利的同时，也蕴藏着严重的伦理问题。

3.8.3 案例分析

芯片如同万能钥匙和全能身份验证卡一般，拥有开锁、刷卡支付、操作打印机、存储通信资料、进行通话等功能。不仅如此，这一芯片还可以对员工的行为进行更为精准的把控，员工的上班信息、行踪和工作时间，乃至员工何时去厕所等私人信息，该芯片都能收集。Epicenter公司为员工体内植入芯片后，植入芯片员工的大量信息被芯片所收集，公司轻松掌握了这些员工的活动轨迹。笔者认为，人工植入芯片确实能为公司提供准确无误的员工信息，但这无疑构成了一种监视，使员工的个人自由受到了限制。

人体芯片植入技术能够收集芯片植入者的个人信息，掌握芯片植入者的个人数据，这在一定程度上就存在着个人信息泄露的隐患。目前，这一技术在信息保护的安全性方面没有绝对的保障，信息存在被一些不法分子利用系统软件或读取设备攻破的可能，因此存在信息安全的伦理问题。

由于人体植入芯片能够辅助人生活，因而许多芯片植入者的独立性会日益下降，人的思维将越来越依靠芯片，个人的思维将会趋于同化和单一。个人思维独立性的降低，对芯片依赖性的增强，最终可能导致人受控于芯片，造成人的异化。展望未来，如果未来的人体植入芯片发展到能够控制人的意志、精神和情感的程度，那么势必人的独立性得不到保障，人和机器人、电子人差异难以辨别，最终可能加剧人的异化程度。

3.8.4 结论和启示

可以看出，Epicenter公司人体芯片植入问题既侵犯了员工的自由权，也不能保障员工的信息安全，在互联网时代，更加加剧了人的异化问题。

人体芯片植入技术将会持续发展，并在人类社会中得到更深更广阔的实践，其中产生的伦理问题肯定也会更加突出。所以，在这一技术取得进一步发展和进步过程中，我们应该对它所带来的伦理问题加以认真的思考。

所以正确对待芯片植入的正确做法是什么呢？

正确做法：①加强对技术本身风险的全面评估和伦理审查；②制定相应的标准，形成统一的伦理规范；③切实保障芯片植入者的知情权，提前告知该技术可能存在的风险；④遵循自愿自主原则，任何人无权干涉其是否接受该技术；⑤密切跟踪芯片植入者的后续状况；⑥形成科研、企业、政府和媒体等多方联合的技术伦理监督，确保该技术的使用安全。

3.8.5 思考题

（1）何为"芯片"？
（2）如何建立起完备的芯片系统？
（3）分析芯片植入人体带来的收益与损失。

参考文献

[1] 经济日报."芯片人"：人机合一[EB/OL].（2014-02-26）[2022-10-20]. http://paper.ce.cn/jjrb/html/2014-02/26/content_189931.htm.

[2] 新华日报. 人体芯片改变你我[EB/OL].（2019-06-26）[2022-10-20]. http:xhvs.xhby.net/mps/pad/c/201906126/c650583.html.

3.9 奥施康定带来的药物上瘾

内容提要：20世纪90年代，美国普渡药业研发出一种新型阿片类药物——奥施康定，并且通过多种手段对其进行推销售卖，与医生达成利益关系，使得阿片类药物开始在美国泛滥。直到2017年，全美有接近21.8万人因过量服用阿片类药物致死，引起了美国社会与政府的关注，最终在2019年普渡药业宣布破产，但是仍有许多人受困于阿片类药物的侵害。

关键词：阿片类药物；奥施康定；普渡药业

3.9.1 引言

自古以来人们饱受着疼痛的困扰，到近代如何抑制疼痛一直是科学家与医生关注的话题，而其中化学家一直扮演着一个重要角色。1806年，德国化学家率先从鸦片内提取出了吗啡（Morphine），吗啡一开始的用途便是强镇定剂，拥有较强的镇定作用，但却极易上瘾。而随后又有科学家在吗啡的基础上添加了醋酸酐等物质提炼出了海洛因（Heroin），一开始研究显示它的镇定作用甚至强于吗啡，而德国的医药巨头企业拜耳公司则将它推销向世界各地，并极力宣传其不容易上瘾，甚至将其用作吗啡的抑制剂，而最终也导致海洛因成为全世界危害最大的毒品之一。而由于吗啡和海洛因都是从鸦片中提取出的药物，所以也俗称阿片类药物，本节案例主角正是于20世纪90年代由普渡药业研发生产的阿片类药物——奥施康定。

3.9.2　相关背景介绍

20世纪90年代，美国中西部存在着大量工人阶级，包括矿工和搬运工人等，由于长期从事体力劳动，他们日常饱受疼痛的困扰。同时，当时美国许多医药代表与医生存在着较为复杂的利益纽带，通过利益输送使得医生优先选择他们的药物。

3.9.3　情节描述

20世纪90年代，美国普渡药业经过长时间研发，成功制得新型阿片类药物——奥施康定，并且根据他们的研究，奥施康定具有相比于当时市面上贩卖的其他止痛药更持久的止痛效果，当时市面上止痛药止痛时间主要在8 h内，而普渡药业宣称奥施康定有12 h的超长止痛效果。而当时止痛药主要用于重症患者治疗过程中，较少用于日常使用。因此普渡药业为了从奥施康定获取更大利润，通过各个渠道进行宣传，希望引起人们对于疼痛的重视。首先，他们注入资金成立美国疼痛协会，借此宣传以引起人们对于疼痛的认识；其次，普渡药业通过利用科学研究宣称奥施康定有比其他任何止痛药更持久的止痛效果，并且不易上瘾；再者，他们通过企业医药代表不断向各地医生输送利益，诱导医生在向患者开药时优先选择奥施康定。通过这些渠道，奥施康定开始流向美国社会，并且使普渡药业获得巨额利润。此后，医生与患者都发现奥施康定并没有像普渡药业宣传的那般具有较长的止痛时间，但是普渡药业为了继续通过奥施康定获取巨额利润，诱导医生开药时可以加大剂量，并不断扩大奥施康定单片含量。但伴随奥施康定在美国社会的流行，人们发现越来越多患者离不开奥施康定，甚至奥施康定在市面上一药难求，许多人甚至需要通过黑市购买，并将其研制成粉末状类似于毒品一般进行吸食，而美国政府也逐渐意识到这些问题，直到2017年，有数据发现美国有接近21.8万人因为过量服用阿片类药物而死亡。2019年9月15日，普渡药业向美国政府申请破产保护，公司总共面临2 600多起诉讼，指控奥施康定等药物导致患者成瘾和死亡，而其背后的赛克勒家族已经决定放弃对普渡药业的控制权，并支付数十亿美元的赔偿金。

3.9.4　原因分析

由此案例能够发现，从普渡药业到医生再到美国监管部门都存在较大的问题：普渡药业为了自身利益，严重违背了企业应具有的社会责任心；而医生在企业的利益输出下没有守护住该有的职业道德；美国相关监管部门则没有尽快发现药物存在的问题，放任药物在市面上的流通与泛滥。

3.9.5　结论和启示

企业自身应该具有社会责任心，缺乏社会责任心的企业必将为此付出代价，同时医生在面对利益输送时，更应该明白自己的职业特殊性，对患者负责任，是其该有的职业准则。而相关监管部门必须及时发现问题并解决问题，避免事态升级。从中可以看出，许多工程伦理问题并非一方责任，各方都应该协调，做到互相监督。

3.9.6 思考题

（1）阿片类药物其实拥有许多正面作用，但却有较强的成瘾性，如何看待其双重性？

（2）如何看待普渡药业为了自身企业利益而忽略了社会责任？其中存在什么工程伦理问题？

参考文献

[1] 吴琼. 政府监管缺位 美国社会阿片类药物滥用成灾[N]. 法治日报, 2022-04-25(5).
[2] 章念生. 张梦旭. 美国"阿片危机"暴露社会痼疾[N]. 人民日报, 2018-06-21(23).

3.10 异种心脏移植案例分析

内容提要： 20世纪以来，器官移植术已经逐渐成熟，成为人们治疗疾病的重要手段，其中，器官移植里的心脏移植术也越发流行。心脏疾病是人类面临的一大医学难题。如果患者出现心脏上的问题，轻者日常生活无法自理，重则患者短时间内发生休克甚至死亡，此时再多的医药手段也未必能挽回患者的生命。因此，心脏移植术显得尤为重要，它是患者重获新生的最后一丝希望。本节就美国外科医生团队成功将猪心脏移植到人类体内这一案例进行分析。

关键词： 心脏移植；异种

3.10.1 引言

2022年1月10日，全球首例心脏异种移植手术在美国马里兰大学医学院成功进行。一名身患绝症的老年男子在外科医生团队的努力下成功完成了心脏移植手术，该手术是将猪的心脏移植到人体内。

3.10.2 相关背景介绍

早在20世纪，世界各国就开展了对心脏移植手术的研究。其中最著名的是，20世纪60年代，在南非的开普敦格罗特舒尔医院，一名医生完成世界首例心脏移植手术，但患者在术后23天后由于产生排斥反应而死亡。1968年8月8日下午，和田医生团队用了近1 h的时间将一位溺水死亡患者的心脏成功移植到了一名患者体内，这位患者在术后恢复良好，但在存活了83天后因为肝炎和呼吸衰竭而去世。20世纪70年代，由上海瑞金医院专家带领团队完成了中国首例心脏移植术，患者在术后生命维持了将近4个月。

中国古人也对"换心"有过想象。例如在清代蒲松龄所著《聊斋志异》中也详细地描述了一个"陆判换心"的故事。陆判好友朱尔旦一日大醉，陆判趁其不备将其心脏偷换，他认为朱尔旦心窍堵塞，以致作文不快，所以屡试不第，换一颗好的心脏后就能下笔如有神助。朱尔旦酒醒后觉得有些疼痛，不知何故，就问好友这是什么，陆判回答曰：此君心也。等第二天朱尔旦再看自己，发现"创缝已合，有线而赤者存焉"。此后，他果然才思文涌，过目不忘，在科举考试中连续得了两个第一。

3.10.3 情节描述

2022年1月10日，美国药检部门通过紧急会议后批准了一项难度极大的手术——异种心脏移植，该手术在美国马里兰大学医学院进行。由美国马里兰大学医学院某外科医生团队负责进行该手术，手术对象是57岁绝症患者David Bennett，他们成功将转基因猪心脏移植到其体内。手术后几周，医疗团队对患者的各种行为进行了监测，过程中发现其心脏各项指数良好，无任何排斥反应。在家人陪伴下他还可以参与物理治疗，甚至和理疗师共同观看比赛节目。在手术前，科学家们对提供心脏的猪基因进行了重新编辑，对其基因采取"取其精华，去其糟粕"的方法，与人体基因产生排斥的猪基因与猪基因中对其自身生长不利的基因被剔除。但令人遗憾的是，患者在术后2个月依旧死亡。

3.10.4 原因分析

目前官方还没有发布尸检结果，具体死亡原因还是个谜，大致有两种猜测：一种可能是免疫抑制剂导致的。在保护移植器官的同时，免疫抑制剂是能杀敌一万而自损八千的存在。免疫抑制过度，会使患者免疫系统丧失对抗感染的能力，弱化细胞组织分化的监控能力，导致容易发生感染、引起肿瘤、抑制骨髓造血功能、导致贫血等。另一种可能是对人-猪异种移植的免疫排斥机制还没有研究清楚，遗漏了某些罕见的免疫排斥机制。虽然敲除了已经明确与排斥有关的基因，不排除还有其他未知的与排斥有关的基因。

波士顿布里格姆妇女医院的Mandeep R. Mehra表示，研究者对该手术使用的供体猪进行了10处基因编辑，以防止异种心脏移植术后出现超急性排斥反应或心脏组织过度增殖，并降低心脏的免疫原性。然而，即使基因编辑技术可以达到上述效果，但这些变化是否会阻碍基因编辑猪的心脏对人类生理状态（如直立行走、体温较低）的适应，还需要进一步的研究。

3.10.5 结论和启示

心脏移植仍然是终末期心衰患者治疗的金标准，而心脏移植一直处于供不应求的状态。虽然心室辅助装置和人工心脏领域都有一定的进展，但由于存在血栓形成、卒中和感染等并发症的风险，这些治疗策略的发展进入了停滞期。因此，如果异种来源的心脏能在适合心脏移植的患者中有效使用，又有基因编辑技术和特定的免疫抑制治疗用于控制排斥反应，就可能使许多患者获益。但这并不是一件容易的事，存在很多尚未确定的因素会影响人的生命健康，对于异种心脏移植这一新兴技术，研究者们应该谨慎对待，以防出现意料之外的不良后果。此外，还应该在更广泛的患者群体中进行异种移植和基因编辑技术的研究，一些可能存在的与种族、性别或年龄有关的差异可能会影响异种心脏移植的临床应用。

3.10.6　思考题

（1）随着科学的发展，将其他动物的肾脏等器官移植到人体，人们应如何定义这个人的属性？

（2）异种心脏移植潜在的获益和面临的问题有哪些？

（3）异种心脏移植是否科学或者人道？

第4章　土木与建筑工程

4.1　"太鲁阁号"列车出轨事故的伦理分析

摘　要：2021年4月2日9时28分，台湾408次"太鲁阁号"列车在花莲一个隧道里发生出轨，造成49人死亡。据初步调查，这次事件主要是由一辆工程车从坡上滑落砸中火车所致。而导致工程车滑落的原因是司机没有把手刹拉好，加之在停工期间违规施工，并且操作不当导致工程车滑落到铁轨上。事后司机没有选择补救，也没有选择报警，最终导致事故发生。

关键词：列车出轨；违规；隐瞒；事故

4.1.1　引言

0402台铁408次"太鲁阁号"列车事故是2021年4月2日上午9时28分45秒发生在台湾花莲县秀林乡的台铁北回线和仁段清水隧道北口的列车出轨事故。共载有498名乘客的"太鲁阁自强号"（"太鲁阁号"）列车在行经该隧道时，与滑落边坡侵入线路的工程车碰撞出轨后冲入隧道中且擦撞隧道壁，造成多名旅客遭抛离原位，导致逾200人受伤，49人死亡。本次事故是台湾灾难史上死亡人数仅次于1948年新店溪桥火烧车事故的铁道事故，死亡人数超过2018年普悠玛列车脱轨事故。

4.1.2　相关背景介绍

本次事故台铁408次"太鲁阁号"列车隶属于台湾铁路管理局。事故发生时，车上有乘客492人，乘务员4人，事故导致49人死亡（含司机1人，助理司机1人，乘客47人），逾200人受伤。导致事故发生的肇事工程车属于台铁的边坡护工单位。

4.1.3　情节描述

事故发生于2021年4月2日上午9时28分，一列由树林车站开往台东车站的408次"太鲁阁号"列车（编组：TEMU1013+1014），事发地和仁站—崇德站间分别有新清水隧道与新和仁隧道（西正线）、清水隧道与和仁隧道（出事路段；东正线）（皆为单线），该列车高速通过和仁隧道后不久，随即撞到一辆1 min前刚上西坡上方，滑倒至轨道的工程车。该工程车为小包商义祥工业社负责人（身兼上游东新营造工地主任）李义祥所有，车身号码为"775-TX"，亦因他本人的疏忽加上便道该处陡坡并无安全防护设施造成后续事故。事故当时，列车司机袁淳修虽尽力刹车，然而列车在惯速下刹车不及（当时速在121 km/h，其列车刹车距离至少得600 m，事故现场自出隧道口后，只有约210 m距离，再加上该铁路段为右侧微弯弯道，更是缩短了司机的目视观测距离），第8车厢因受半路滑落之工程车绊倒及瞬间撞击影响，列车车头持续向左倾斜并行出轨。在其出轨后，尚处于高速行驶的列车头再猛烈撞击清水隧道口东侧边壁（当时列车时速尚处于120 km/h之高速状态）并顺势硬挤入隧道内，导致车厢开始扭曲、变形及破碎。随后而来的第7至5车厢也随列车头一齐冲入清水隧道，且产生出轨变形及互相挤压、碎裂状态，车厢内的通道亦随之中断，第7车厢与第6车厢更是直接脱钩，中间隔了约50 m。

伤亡最严重的车厢为撞入隧道内的第6至8车厢（往花莲方向之驾驶车头）。部分救出的伤员由台铁DR2800型内燃动车组（DR2805+2806）运至崇德车站或新城车站。这起事故导致北回线东正线运作中断，改采西正线单线双向行驶，宜兰端上行列车及花莲端下行列车每列次将延误约20～30 min，408次剩余行程由花莲站特别加开TEMU2000型继续行驶至台东站，另加派408B次（DMU）列车至事故现场发送伤者与遗体至崇德站。

2016年报到的司机袁淳修当场殉职，年仅33岁，2020年报到的助理司机员江沛峰经送医抢救无效后，亦不幸殉职，年仅32岁。

4.1.4 原因分析

本次列车出轨事故是由滑落在轨道上的工程车导致的，而造成最终事故的工程车为小包商义祥工业社负责人（身兼上游东新营造工地主任）李义祥所有。检方提供的照片显示，李义祥驾驶工程车，因过弯不慎，车轮卡进边坡树丛，李义祥下车后，拿出一条绑带，先绑住工程车，再挥手示意让现场的华文好将挖掘机驶近，随后李义祥将绑带另一端绑在挖掘机抓斗上，接着自行操作挖掘机，造成车头左倾斜，接着绑带断裂，工程车滑落到铁轨上。由于列车刚出隧道，再加上该铁路段为右侧弯道，司机视野大幅受限，210 m的刹车距离完全不够。最终列车撞上工程车，导致这起严重的事故发生。深究这起事故的责任方，可以发现，对本次列车出轨事故需要负责的主体有事故直接责任人李义祥、政府部门以及施工方。

针对事故直接责任人李义祥，由于他停工期间的违规操作，导致工程车跌落到列车轨道上，且事故发生后没有及时采取挽救措施或者报警，最终导致列车出轨事件发生，这严重违背了其职业道德和个人道德。身为工地负责人，其违规操作工程车并且操作不当导致工程车跌落轨道，却不及时采取补救措施，最终导致事故发生，这违背了职业道德；事故发生后不及时报警，害怕承担责任，这违背了个人道德。

针对政府部门，所属地段的护坡工程是政府承包给相关工程方的，对此，政府部门负有督导、监察不周的责任，这损害了政府的公信力，违背了社会公德。

针对施工方，由于事故发生段的护坡工程是由该单位直接承包的，故该单位负有领导责任，事故发生后，该单位未能及时发现问题，违背了职业道德和工程伦理道德，对此应负管理不当的责任。

4.1.5　结论和启示

"太鲁阁号"列车出轨事件是一起典型的人为导致的事故，事故造成严重的人员伤亡和财产损失，产生了十分深远的影响。究其原因，一方面在于直接责任人李义祥的违规操作，以及对问题的逃避，没有及时采取补救措施，最终导致惨剧的发生，另一方面，还在于工程方没有严格执行工程管理条例，落实责任机制，导致违规操作发生。这起事故本不该发生，如果直接责任人李义祥没有在停工期间违规操作，或者在工程车落下轨道后及时采取补救措施，都不会导致事故发生。同时如果施工方严格执行施工安全管理条例，落实监督机制，也不会有违规操作出现。施工工程每一方的一点疏忽或者懈怠，最终都可能会导致小概率事件的发生，因此工程各方都应严格要求自己，严格执行相关安全条例，同时，工程各方都应坚守自己的职业道德和社会道德。

4.1.6　思考题

（1）如果你是肇事施工车的驾驶员，在工程车滑落到轨道上后，你会选择报警吗（如果报警，自己很可能会坐牢）？

（2）你认为国内的火车、高铁等交通工具安全吗？你在乘坐这些交通工具出行时，有没有发现什么安全隐患？

参考文献

[1] 新华网. 台铁太鲁阁号事故事实资料报告公布[EB/OL].（2021-08-23）[2022-10-20]. http://www.news.cn/2021-08-23/c_1127788081.htm.

4.2　美国塔科马悬索桥风毁事件

内容提要：塔科马大桥造价在当时的年代背景下非常高，接近650万美元，是全球知名的项目。该桥于1938年开始项目论证，耗时近两年的工期才竣工，起着连接塔科马海峡吊峡两岸的作用，在1940年的7月1日建成并开始通行。塔科马大桥是当时世界上第三大悬索结构的桥梁，其桥面长度为1 810 m，宽度为12 m，金门大桥是第一大的悬索桥，乔治·华盛顿大桥是第二大的悬索桥。但是就在7月1日开始通行车辆之后的不久，11月7日，塔科马大桥坍塌了，造成了很大的损失。

关键词：塔科马悬索桥；风毁；第三大桥

4.2.1 引言

华盛顿州耗资近650万美元建造了当时被称为世界上单跨桥之王的悬索大桥——塔科马大桥。桥的总长达1 523 m，中部主跨达853 m。这座桥原来的设计是能够承受60 m/s的风速，但是最终却被19 m/s的风吹垮，最终从58 m的高度一头栽进了普及海湾。这座桥是由当时一位著名工程师所设计的，待其建造完成后，所有人都认为这座桥不但是一个优美的艺术品，而且是当地的一个景点。但是，谁能想到，仅仅在大桥竣工后4个月，这座桥就不复存在了。

4.2.2 相关背景介绍

塔科马大桥是在1938年开始建造的，当时曾有两位著名的设计师提出过桥梁设计方案。克拉克埃德里奇提出了第一个方案，他的方案是将塔科马大桥设计为钢结构桁架支撑的桥面，厚度为7.6 m，但由于这份方案的造价过于昂贵，并且当时的联邦公共管理局只批准了600万美元，剩下的钱还需要当地自己想办法去筹措，所以该方案未被采纳。另一个方案的提出者，正是著名的金门大桥设计师之一的里昂莫伊塞弗。他认为塔科马大桥的桥面厚度可以设计成2.4 m米。后者的设计方案无疑可以节省一大笔费用，并且还可以使得桥梁设计得更加优雅和纤薄，于是塔科马大桥的预算从1 100万美元降至800万美元。

在施工的过程中，工人们意识到大桥经常发生剧烈的晃动，甚至在正式通车的当天，现场的所有人也感受到了大桥明显的晃动。为了监测塔科马大桥的晃动，研究人员在桥上面安装了摄像机，不料记录下了大桥坍塌的一幕。在大桥晃动的过程中，有不少人在围观，人们都过来感受刺激的震荡起伏的感觉。有些时候大桥晃动的振幅可以达到两层楼左右的高度，之后桥面动愈演愈烈，工作人员使出浑身解数想去减小波动，但是都无济于事。这座造价相当于现在的10亿美元的塔科马大桥，仅仅存在了4个月零7天。

4.2.3 情节描述

塔科马大桥于1940年建成通车，但不幸的是，在4个月后的一天也就是1940年11月17日，大桥被风速为19 m/s的风吹得摇摇欲坠，而这一幕刚好被一支摄影队完整地记录了下来。坚硬的混凝土路面像大海一样翻滚波动，场面极其可怕。然而，桥下的人们似乎没有意识到接下来要发生的一幕，而摄影师们表现得异常兴奋。当时桥面上只有一个驾驶着小汽车的男子与他的宠物狗，这名男子当时被困在了桥上不知所措，只见桥面的波动越来越大，而这名男子也终于意识到不能待在车里，索性就下车一路跌跌跄跄地逃到岸上，而就在下一秒，只在好莱坞电影里面才能出现的场景就在当地发生了——大桥垮塌了。随之坠落的还有这名男子的轿车以及它的宠物狗，而这条宠物狗也成了这起事故唯一遇难的生命。

4.2.4 原因分析

为了研究大桥坍塌的原因，事后工程师们制作了一个1∶1 200的三维大桥模型，并进行了大量的风洞实验，得出的结论，还是因为风的作用。但是，在桥梁设计的时候，设计师已经考虑到了85 000 t重的桥梁足以抵抗极端大风。不过那时的桥梁设计师并不具备专业的物理学知识，他们无法理解塔科马大桥在建成后，即便是微风徐徐依旧会让大桥产生明显的晃动。

对此，科学家们结合了空气动力学，给出了合理的解释：当风掠过桥梁时，桥体的上下就会产生漩涡，这种漩涡被称为卡门涡街效应。每隔相同的时间，作用力就会由漩涡产生，使得桥梁摆动。如果这个作用力和大桥之间的作用力产生共振，且当这种交替的涡流频率达到桥梁的固有频率时，便会使桥梁产生更加剧烈的垂直摆动，从而引发了此次事故。

4.2.5　结论和启示

万幸的是，此次大桥坍塌事故中，没有人被困在桥上，因此没有造成任何的伤亡。坠落的只有一名男子的轿车以及的宠物狗，而这条宠物狗也成了这起事故唯一遇难的生命。之后新建的塔科马大桥，重新采用了之前被否定的设计师克拉克埃德里奇的方案。1950年通车的塔科马大桥一直沿用至今。

（1）桥梁等建筑物设计不仅仅是建成成本的问题，更重要的是防止可能引起的生命安全及财产损失等严重后果。

（2）桥梁设计是一项涉及多学科、多领域的复杂问题，需要综合考虑诸多因素。

（3）人类对于自然现象的认知目前还是远远不够的，就此次事故而言，当时的人们根本不知道有卡门涡街现象的存在。正是经历了此次灾难，才使得人们认识到了卡门涡街现象的重要性，在以后的工程应用中才能避免此类事故。

4.2.6　思考题

（1）在这起事故中，你受到什么启发？

（2）你认为有何措施能够避免此类事故？

4.3　基于堪萨斯城凯悦酒店坍塌事故的工程伦理分析

内容提要：发生于1981年7月17日的堪萨斯城凯悦酒店天桥坍塌事故，是美国当时重大的工程事故，其影响之深，以至在事故27年后的2008年7月27日，《堪萨斯日报》仍以"For many, a memorial long over due"为标题悼念该事件中的受害者。本节将以工程伦理为基点对该酒店坍塌事故发生的原因进行分析探讨。

关键词：堪萨斯城凯悦酒店；坍塌事故；工程伦理

4.3.1　引言

1981年7月17日，在堪萨斯城凯悦酒店发生的天桥坍塌事故，是当时整个美国死亡人数最多的工程事故，共造成了114人死亡和216人受伤。该酒店人行天桥由G.C.E公司设计，相关施工材料由Havens公司提供，由于G.C.E公司对Havens公司的过度信任，任由其改变施工方案，最终酿成大祸。

4.3.2　相关背景介绍

1984年11月，在经过了长时间的事故调查、定论、聆讯和庭审之后，事故涉及的主要结构工程师Duncan和Gillum，以及他们所属的G.C.E公司都被判有罪。Duncan和Gillum失去了在密苏里州的工程师执照，G.C.E公司因严重疏忽罪被剥夺了作为工程公司的资格，同时被裁定赔偿约1.4亿美元。此时距离在1981年7月堪萨斯城凯悦酒店坍塌事故过去了的三年多时间，对该酒店事故的最终判决依然还能引发人们的争论。

4.3.3　情节描述

1981年7月17日晚6时，酒店的中庭涌入了将近1 500人。他们有的带着舞伴只为享受片刻欢乐，有的冲着丰盛的晚宴点心而来，也有只为一杯马提尼的贵宾。

三条悬空的观光走廊是完美的瞭望台，早已被不少无缘参与的早鸟占领。每一层的走廊上都站着15~20个观光客。这个时刻，突然传出几声怪异的"砰砰"声，只见四层的走廊中部开始下陷！

不到十秒钟，仿佛受到了爆破一般，四层走廊带着正下方的二层走廊一道化作了一堆建筑垃圾。遇难的不仅仅是在走廊上观光的行人，还有在中庭跳舞的数百人。重达60 t的碎玻璃、钢材、混凝土混合成了一座巨大的墓碑，将百余人埋葬在这座豪华的酒店。祸不单行，坍塌的建筑材料将酒店的水管砸开了，自来水以1 t/min的速度向外喷涌。

12 min之后，救援队赶到现场，他们用工程车辆推倒了截流的大门，水位才逐渐下降。救援持续了近10 h，凌晨4点半，最后一位双腿脱臼的生还者被救出。根据最终的统计，共有29人被救出，114人死亡，216人受伤。

4.3.4　原因分析

负责设计的G.C.E公司原设计是采用超长的吊杆连接两层的走廊并用螺母承受负载。然而，兼任施工方觉得14 m的超长吊杆制造不便，运输困难，安装复杂。因此建议G.C.E变更设计，改成两根吊杆连接的方式，并提交了粗略修改后的图纸。

施工方的本意是希望G.C.E审核并校核强度，但设计方却以为这份图纸已经按照惯例由施工方校核通过了，便盖上了同意的章。而施工方则也认为图纸经过设计方的审核通过了验收，庆幸着又减少了工作量。只要接触过力学的人都很容易看出来，设计更改带来的受力变化是巨大的。高层走廊的螺母不仅仅要承受本层的重量，还要同时承受下层走廊的重量，载荷翻倍。可以轻易发现，两螺母间存在非常大的剪切力，箱梁无法承受。一个小小的改动，创造了灾难历史，外行会认为不可思议，而内行觉得这就是胡来。

首先，我们能看到施工方提出的修改方案本来就是很糟糕的，所以施工方工作不专业是惨剧发生的一方面原因。而负责设计的G.C.E公司慌忙地盖上了同意的章，则表现出G.C.E公司负责该项目的人的不认真和不负责任，没有建筑行业最基本的责任心和标准规范。

施工方和G.C.E公司都没有把公共安全作为自己最应该保证的事情。通过上述内容，他们都也同样缺乏风险意识以及风险管理的相关机制和应急方案。

不管是施工方还是设计公司，他们都违背了公众的知情同意权。酒店的顾客承担了他们并不知情的风险，更别说是否同意了。也就是说，用户并不知晓那脆弱、充满风险的设计结构和被施工方草草修改、被设计公司马虎糊弄过去的设计方案。

如果没有施工方糟糕的修改方案，没有G.C.E公司做事敷衍的行事作风和缺乏标准的处理流程，也许就不会有这场灾难的发生。

4.3.5　结论和启示

施工方和负责设计的G.C.E公司对酒店设计结构处理不当导致了这次巨大的灾难。可以明确的是，这两家公司的不认真和不负责任，以及没有建筑行业最基本的责任心和标准规范是导致这次灾难的主要原因。施工方糟糕的修改方案，G.C.E公司敷衍的行事作风和缺乏标准的处理流程为灾难埋下了伏笔。

4.3.6　思考题

（1）当违反建筑规定的责任全部在于施工方时，设计师可以免责，摆脱困境吗？

（2）有什么措施可以避免重大灾难事故如凯悦酒店事故的再次发生？

（3）G.C.E公司负责该项目的工程师的工程执照在其他州可以继续使用吗？为什么可以或者不可以？在这个案例中，工程师协会的责任是什么?你是怎么看待的呢？

参考文献

[1] 杨冰. 堪萨斯城凯悦酒店大桥坍塌事故："你"安为自己盖章的规划书负责[J]. 现代班组, 2017, 132(12): 24.

4.4　农村自建房坍塌的伦理问题

内容提要：本节以实际的案例"8·29"山西襄汾饭店坍塌事故为切入点，简要介绍了事故发生的背景、经过和原因，重点是从工程伦理的角度，对事故中暴露出的具体的和现实的工程伦理问题进行了分析，尤其着重讨论了技术伦理和责任伦理问题，并为解决事故中暴露出的伦理问题提出了一些建议和观点。

关键词：自建房；坍塌；扩建；住改商

4.4.1　引言

当你在饭店吃饭的时候，饭店突然坍塌你会是什么样的感受呢？当然你会觉得这不可思议，然而真有此类事件发生，2019年8月29日山西一饭店发生部分坍塌。

4.4.2　相关背景介绍

2019年8月29日，山西省临汾市襄汾县陶寺乡陈庄村一饭店发生部分坍塌，致多人被埋。此次坍塌事故发生的聚仙饭店，已经营业十几年，近几年中加盖彩钢板房、阁楼和宴会大厅等，平时能办酒席二三十桌，容纳一二百人。当时宴会厅突然坍塌，周围卧室厨房等建筑物大体良好。事发时李大爷正在此饭店过80岁大寿，亲友大多遇难。此次坍塌事故造成29人遇难，7人重伤，21人轻伤。

聚仙饭店是它所在的陈庄村和相邻的安李村唯一可以举办大型聚会的饭店场所。附近村民家里需要举办红白事儿，大都会选择这里。

经过核查，此饭店前身是早期村民自建的住房，后期经多次加盖扩建完成，据悉多达六次。房子主屋约是20年前建的，起初只有一层楼。由于房子靠近道路，加上近些年道路不断拓宽加高，所以原先的房屋看起来像地下室，房主遂私自加盖二层彩钢房作为宴会厅。该宴会厅的天花板由预制板搭建而成，以几根柱子为支撑。后因生活需要，房主又在二层的基础上加盖了阁楼，用作卧室和厨房。一般住宅选择预制板做建筑材料，这样可以缩短工期，减少造价，然而其承受能力有限，服役寿命也不是很长。

在中国农村不少房子是农民自建的，建设质量参差不齐，监管也相对比较薄弱，这些房子建成时间越早，质量问题也就会越明显地暴露出来。特别是由自建房发展成人员聚集的经营场所的，安全监管和保障问题更会暴露无遗。

4.4.3　原因分析

1.技术伦理分析

一方面饭店宴会厅使用预制板作为天花板，预制板属空心结构，虽节省造价，但是因为是组装式，所以承重性和抗压性差。另一方面，多年间扩建改造多达六次，加之传统泥瓦匠只会建造自住房屋，没有大型工程经验，更不擅长改造房屋，凭经验干活，技术无法达到房屋改造的基本要求，这些都导致房屋质量不过关。

2.责任伦理分析

针对相关部门监管力度不强或未设监管部门的问题，对于用于居住的普通自建房，应开展房屋质量评估，一旦发现问题，责令立即整改；对于"住改商"，有关部门应上门开展结构、质量和消防等方面的安全验收，必要时还可以实行年检制度，确保监管常态化。自建房、改造房屋的村民，应该雇用专业施工队，不靠经验做事情，主动向有关部门登记报备、申请经营资质，房屋改造后等有关部门质检后才能经营。

4.4.4 结论和启示

"8·29"山西襄汾饭店坍塌事故归因于农村自建房安全没有保障、相关部门监管不严，为我们敲响了农村自建房安全问题的警钟。

为了避免警钟变丧钟，一定要提升工程伦理意识，坚守道德底线。相关部门要建立、健全监管制度并严格执行，抓重点区域，重点关注那些乡村旅游、农家乐兴办多、发展快的村落。

4.4.5 思考题

（1）当房屋建造出现技术问题与利益经济发生冲突时，应该如何抉择？

（2）此次坍塌事故谁来负责？事故损失谁来赔偿？

（3）农村自建房成为人员聚集的经营场所，由谁来保障安全？

参考文献

[1] 央视网.41人被追责：山西公布襄汾县聚仙饭店"8·29"重大坍塌事故调查报告[EB/OL].（2121-8-16）[2022-10-20].http://news.CCTV.com/2021/08.16/ARTlnx021gQdlp1v/2F2j Hld210816.shtml.

4.5 宁波舟山港船舶交通事故案例分析

内容提要： 2018年12月7日凌晨1时40分，由宁波北仑航至宁波小穿山的安庆籍散货运输轮"九华山2号"，在离泊北仑海螺水泥港口流程中，擦碰了靠泊在北仑国际集装箱港口一号泊位的利比里亚籍大型集装箱船"AS LEONA"轮。此次交通事故直接导致了"九华山2号"左舷的舷墙和护栏部分发生严重的损坏；同时导致"AS LEONA"轮艏部右舷的舷墙部分发生坍塌、艏部右舷高压载舱部分出现严重的肋骨畸形。

关键词： 宁波北仑；九华山2号；寒潮大风；大潮汛

4.5.1 引言

2018年12月7日凌晨1时40分，在宁波市舟山港区的北仑海螺水泥港口，中国安庆市籍运货船，船名"九华山2号"的货轮，因操作不当，发生了擦碰，擦碰对象是来自利比里亚的大型集装箱船"AS LEONA"轮船。这起海上碰撞事件还导致了"九华山2号"的左舷墙与护栏局部都出现了较为严重的损坏，事故场景如图4-1所示。

图4-1 事故场景

4.5.2 相关背景介绍

位于宁波市的舟山港区由原宁波港、舟山港区联合重组而来。2006年1月1日起，我国官方开始启动了"宁波-舟山港"之名。在事故发生的那段时间，事发附近海域的气象情况为阴转小雨，但能见度却不错，当时有六级西北风，阵风也可能超过了七级。而当日的海上情况则为天文大潮洪峰值时，其最高潮发生的时间是在12月6日22时12分，但事发时的流向为东南方向的潮流已经回落，潮流速度大约为2 kn，除了拖船以外，周边海域并没有其他船舶停靠或是离港。"九华山2号"货轮本次远航目标为载运约6 052 t石灰粉，从安徽省桐岭港出发，开往宁波市北仑港。事故发生时，"九华山2号"已完成载运目标，正在船长的指挥下进行离港作业，船长为首次从北仑码头离港。

4.5.3 情节描述

中国安庆籍散货船"九华山2号"运载着6 052 t石灰粉，以左舷贴港停靠于宁波舟山港的北仑海螺水泥码头（见图4-2），时间为2018年12月6日10时13分。

图4-2 宁波北仑海螺水泥码头

　　该船只停靠时，船艏面朝西边，从右侧抛下船锚。随后"九华山2号"便进行装卸搬运作业，截至12月7日0时30分才进行完所有的装卸搬运工作。在装卸货物之后，该货轮在港湾停留至大约0.5 h，于凌晨1时整准备离开当前的港湾，接下来的目标就是前往北仑穿山中宅港。在离开港湾时，船艏距离前面船只的距离大约为40 m，离船艉前后的船只距离大约为102 m，且相距也足够远。此时，该船的艏艉吃水深浅依次为0.5 m和0.38 m。在离港作业时，协助"九华山2号"离港的拖船为"甬港拖27"，其固定桩位为"九华山2号"小轮后方货箱的右侧缆桩。整个准备工作延续了很长时间，直到1时30分，"九华山2号"小轮才终于开始进行离港作业，并解开了轮艏与船艉之间的绳缆，以提升锚链高度。

　　1时33分，"九华山2号"将右舵打满，航速设为前进一，同时拖船以横向微速拖行货轮。起始轮艏朝向为264.4°，船速为向后退的0.3 kn。2 min后，"九华山2号"货轮已经全部解开了缆绳，并将右舵开满，航速提升到前进二，拖船继续横向拖行，船速提升为中速。货轮行船时轮艏朝向约为319°，船速则依旧为后退最大的1.2 kn，而此时该轮的船艏和轮艉至港口方向的横向间距分别大约为31 m和15 m。前期拖行一直持续到1小时38分，船锚此时也已全部收起，此时将右舵打满，船速提升为前进四，拖船横向拖行，船速为快速。此时"九华山2号"的船艏已经朝向了231°，行船速度是向后退的0.5 kn。

　　此时，危险开始出现，在船锚离底后，由于受到了风流影响，舰艏开始向港湾一边进行偏转，这导致船舶开始逐渐失控，而此时舰艏艉离港湾的横向距离分别大概是14 m和30 m。时间进行至凌晨1时40分，"九华山2号"货轮的左舷生活区的舷墙与停靠在北仑国际集装箱港口的"AS LEONA"轮船艏部右舷产生了碰撞，图4-3所示为"九华山2号"受碰撞部位。

图4-3 "九华山2号"受碰撞部位

　　碰撞事件发生2 min后，"九华山2号"的船长又让港口人员用第二只拖轮帮助离港作业。第二艘拖轮"众联7号"于凌晨2时7分完毕，固定好"九华山2号"前货舱的右侧缆桩后，同第一艘拖船一起展开协助完成拖离工作。2时16分，"九华山2号"彻底脱开了"AS LEONA"轮船，并随即在车上安排了人员进行对船体受损部位的勘察。

勘察结果是，除生活区左侧舷墙变形栏杆损坏、舯部货舱左侧舷墙部分凹陷变形坍塌之外，未发现船体结构损坏、进水和油品泄漏等情形。

4.5.4 原因分析

（1）该船没有增加在不良天气海况下离港时的安全保护警戒级别。本次事件中，由于"九华山2号"的船长是第一次驾驭船只在北仑海螺水泥码头离港，所以对此港口处的寒潮大风和天文大潮汛等急落流的时间了解较少，对码头结构不熟，同时也没有注意到自己的船舶是高干舷船，因此具有很大的受风面积。船长未能综合考虑风流和洋流对船舶的控制和避碰的影响，也没有对相应的安全保障戒备措施有足够多的关注。

（2）船长没有及时采取避碰行动。"九华山2号"的船长在发现船只遭遇强风影响以及因天文大潮汛的急落流等不良影响后，没有及时采取措施以减缓收锚速率，适时调整离泊方法或直接停止离泊作业，也没有及时采用拖船协助等预防措施。在锚离底后，出现了舰艏朝港口一侧的回转情况，与此同时船舶出现了后退情况，船长却还未调整对策，而只是继续采用原方法离港，也没有采取紧急抛锚等措施以防止交通事故的出现。

4.5.5 结论和启示

本起事故发生的直接原因是天气因素的不利影响，大风与天文大潮汛对船体产生极大作用，导致船只不受控制发生碰撞。但事故发生的根本原因，是"九华山2号"船长的不当判断和错误指挥。如果在离港前，船长仔细评估天气因素，推后离港，或是在船只发生后退时，及时调整离港计划或直接停止离港，抑或是在船只发生侧歪时，及时申请第二艘拖船协助，都有可能避免事故的发生。因此，针对这起事故，不禁让人反思，"九华山2号"船长的职业素养是否达标？是否有定期进行考核？船长及船员是否有及时评估离港条件？在船舶决定离港时，港口的调度员为什么不提醒船长现在的气象条件不适合离港？

事实上，如果船长能够严格按照操作流程对离港或行驶条件进行评估，港口调度员及时与船舶沟通交流，许多事故都可以避免。即使问题发生，如果船长和问题各方及时进行沟通并一起努力，也可以有极大可能降低事故损害，控制事故扩大范围。

4.5.6 思考题

（1）这起事故发生最重要的原因是什么？
（2）从这起事故中能总结出什么经验？

4.6 电梯安全问题的伦理分析

内容提要： 随着社会经济的不断发展，人们的物质生活水平有了很大的提高，电梯已经成为人们日常生活的重要工具，它为公众出行带来了极大的便利。然而，随之出现的电梯安全事故也是时有发生，给人们的生活带来很大的困扰。

为了能够有效地减少事故发生的频率，本节以电梯安全事故为线索，通过几个典型的电梯事故案例，分析事故发生的原因，并提出预防措施，同时，探讨工程师及工程共同体职业道德问题，并对与工程伦理责任密切相关的问题进行深入探讨。

关键词：电梯事故；责任；职业道德；伦理问题；防控

4.6.1　引言

科学技术的突飞猛进给人类的生产生活带来了巨大的变化，为了满足社会的进步和人类的需求，各种大大小小的工程项目不断被开发，这些工程项目给人们的生活带来极大方便的同时，也隐藏着诸多的安全问题和安全隐患。目前，随着人们生活水平的提高，电梯的使用也越来越广泛，为人们的生活带来了极大的方便和快捷，但是，电梯的安全事故发生率也随之增高。

4.6.2　案例分析

案例一：2013年9月21日，沈阳一名电工在一高层购物中心施工时，从9层电梯口坠下身亡。原来，为了方便施工，施工队安排五名电工在漆黑的走廊里安装临时照明灯，在这一过程中一名电工从9层的电梯口直接坠入负3层。

事故发生的主要原因是电梯安装人员未能意识到电梯设备的安全隐患问题。由此可见，对施工管理人员、安装人员，必须加强安全意识教育，严格执行操作规程。

案例二：2011年7月5日，北京地铁四号线的上行扶梯突然失控变成下行，导致扶梯上十几名乘客从高处摔下，事故造成一名13岁男童死亡，3人重伤，有27人轻伤。

事故主要原因是自动扶梯驱动电机与减速箱之间的弹性联轴器中橡胶垫损坏，导致齿轮啮合失效，造成扶梯及主链下滑。还有一个原因是电梯制造环节不符合要求，没有设置附加制动器。

案例三：2015年7月26日上午，湖北省荆州市安良百货商场，一名女子带着小孩经手扶电梯上楼，临近上一楼层电梯到达口时，电梯踏板突然塌陷，该女子坠落一瞬间托起孩子，自己被卷入电梯身亡。

事故的直接原因是发生事故时，当事人踏在已松动翘起的盖板最末端时，盖板发生翻转，当事人坠入上机房驱动站内防护挡板与梯级回转部分的间隙内。事故的间接原因是湖北安良百货集团有限公司商场工作人员发现故障后应急处置措施不当。据监控视频显示，发生事故5 min前，该商场工作人员发现盖板有松动翘起现象，报告后未得到有效指令，未采取停梯等有效应急处置措施。

4.6.3　伦理问题分析

1.电梯事故的原因剖析

（1）电梯安全的重视程度不够。很多房地产开发商为了追求更高的利益，会选择价格较低的电梯，不顾及电梯的质量，就给电梯的安全运行造成了一定的威胁。电梯在公司或者住宅楼使用比较广泛，但是一直没有得到物业和商业公司的重视，当电梯出现安全事故时，不能及时给予妥善的管理和安全维护，甚至还会让非专业人员来维修保养电梯，自然会产生一些技术问题。

（2）电梯安装后的验收制度不完善。验收工作是保障电梯质量安全的关键因素，相关验收制度不完善，在电梯安装完工后未能对电梯的门系统、机房和驱动主机等再次进行全面检验，容易导致安全隐患的出现，出现不安全因素。未经过严格的验收工作，不能及时地发现电梯安装中存在的不达标项，如电梯井安装位置错误、电梯槽位置偏移等问题，未及时进行返工，易在使用过程中引发安全事故，导致电梯突降、电梯门开关困难、造成人员被困等安全问题的发生。

（3）维修人员的技能有待提高。大量参与电梯的安装与维护工作的非专业人员，没有接受过专业的培训，未获得满足要求的技术和方法。他们既没有达到专业的安装和维修水平，也不能将其技术应用在电梯的日常维护管理和维修中，从而给电梯的使用者带来了安全威胁和隐患。

（4）电梯使用者的行为不规范，自救意识薄弱。一般来说，电梯安全事故的发生和电梯使用者的不规范行为有着一定的关系。乘客在电梯内强行扒门等行为会导致电梯出现故障，致使乘客被困。另外，乘客随意向电梯内丢垃圾，也会影响电梯的启动。当电梯安全事故发生时，如何自救对于很多电梯使用者来说比较陌生。

（5）电梯安装维护制度不规范。电梯相关安装维护制度不规范是导致电梯易出现质量安全问题的主要原因，电梯安装维护制度不完善，相关单位电梯安装维护负责人员不能以制度为依据进行电梯安装与维护工作，甚至懈怠、逃避工作。

近年来，垂直升降电梯及自动扶梯事故的事件类型分布如图4-4和图4-5所示，从图中可以看出，垂直升降电梯事故的主要类型为困人、下坠、蹲底等，并且事故大多都发生在乘客的使用过程中，可见电梯安全与人们的生命息息相关。

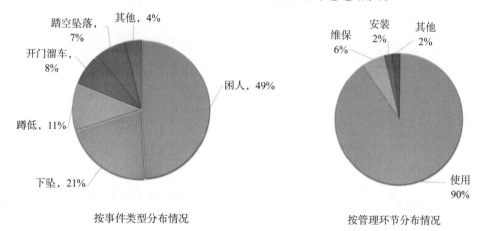

按事件类型分布情况　　　　　　按管理环节分布情况

图4-4　垂直升降电梯事故的事件类型分布

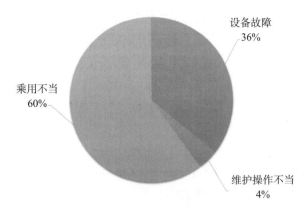

图4-5　自动扶梯事故的事件类型分布

2.主要责任

在出厂使用前，安全工程师对电梯的安全性要做出全面的评估，电梯本身的安全技术措施是否到位，与电梯安全使用有直接的关系。

使用者对电梯的安全性没有足够的认识且不能正确操作电梯，典型事例就是超载。

"维保流于形式"是电梯事故发生的罪魁祸首之一。电梯事故发生的案例中，60%~70%是由于后期维护不当以及维护人员麻痹大意等。

在实际工作中，许多电梯使用单位为了节省开支，聘用无特种作业人员证书的电梯工来维护和修理电梯。这些行为表面上节省了一笔用工费，但实际上存在着极大的安全隐患。因为这些没有经验又没有经过系统安全培训的工作人员根本无法保证电梯的安全使用。监督部门应加强监管力度，提高维保单位的门槛，改变维保行业恶性竞争的现状。

虽然电梯事故是由多方面原因造成的，与电梯厂商、物业公司、使用单位、维修单位、使用者等都有关联，当然还包括政府主管部门，但无论问题出现在哪个环节上，都与职业人员是否尽职尽责分不开。电梯出厂之前，安全工程师应认真检查产品是否合格、安全。

工程师应该树立正确的伦理道德观，应该对发生的工程事故进行反思。"作为职业角色的工程师，要始终把公众的安全、健康和福祉置于首位，这是我们不得不遵循的工程伦理基本准则。"

4.6.4　结论和启示

1.结论

工程必然涉及安全，对于工程师而言，关注安全是其天职。就工程师而言，要对自己所从事的设计过程、生产过程以及产品进入市场后的使用及安全问题做出全面的评估，要为公众的福祉负责。由此要求工程师树立正确的伦理道德观。

"职业工程师关注一般公众以及他们的安全的一种重要的方式是：在设计建筑、电梯、电动扶梯、桥梁、人行道、道路和天桥时，履行地方建筑规范的要求。"一个有责任感的工程师如果意识到某一设计违反了工程规范、技术标准等问题而不去制止，进而造成严重后果甚至伤亡，他就应该为此承担责任。

本节几例电梯事故就充分表明了这些问题。沈阳电工坠落身亡就是由于监管不到位造成的。究其责任，与施工方和安全工程师密切相关，电梯安装人员违反操作规程，不仅没有关闭电梯门，甚至连一块挡板和警示牌都不放，安全工程师监管不力酿成悲剧，他们应为这场事故承担责任。而本节两例扶梯引发的多起事故则是由设计制造缺陷所造成的。"维保流于形式"也是酿成悲剧的重要原因。人们除了对受害人的同情之外，是否还应该更多地强调有关人员要加强责任意识？

可以假设，如果安全工程师在电梯出厂之前对其工厂生产的电梯进行严格的质量把关，把公众的利益和安全作为最大的目标，作为自己工作的出发点，那么进入市场使用的电梯发生事故的概率就会降低；电梯使用过程中，如有专业的安全工程师加强后期维护，及时制止违规操作行为发生，电梯事故就会减少甚至不再发生；在施工过程中，如果安全施工监管到位，就不会有工人命丧黄泉。

2.启示

对于频频发生的电梯安全事故，主要有以下几点经验启示：

（1）不要踢、撬、扒、倚层门，有可能发生乘客坠入井道或被轿厢剪切等危险，造成人身伤害事故。

（2）使用单位不得将有故障或未检验合格的电梯投入使用：使用单位在电梯未消除故障或未检验合格的情况下继续将电梯投入使用，极有可能发生人员伤亡事故。

（3）不要在未看清电梯轿厢的情况下盲目进入：乘客在未看清电梯轿厢是否停靠在本层的情况下盲目进入，将可能导致人员坠落井道事故的发生。

（4）使用单位不得将电梯钥匙交给无证人员使用：非持证作业人员在未经过培训的情况下随意使用电梯钥匙打开厅门，有可能使人在电梯轿厢不在本层的情况下跨入井道，造成人员坠落事故。

（5）电梯超载报警时不要挤入轿厢或搬入物品：乘客在电梯超载报警后仍然挤入轿厢或搬运物品，将造成电梯不关门，影响运行效率，情况严重时将导致曳引绳打滑，轿厢下滑，甚至造成人员剪切等事故的发生。

（6）被困电梯时不要惊慌，应立即呼救、耐心等待、平层出门。

（7）不要乘坐明示禁止载人的电梯（或升降机）：乘坐明示禁止载人的电梯，极易造成人员挤压、剪切等伤亡事故的发生。

（8）不要在电梯内嬉戏玩耍、打闹、跳跃：乘客在运行过程中的电梯轿厢内嬉戏玩耍、打闹、跳动，特别容易导致电梯安全装置误动作，发生"困人"以及伤亡事故。

（9）不要在电梯运行中或关门过程中进出轿厢：电梯在运行中或关门过程中，乘客如从电梯轿厢中跑出，易发生剪切事故。

（10）儿童在无成年人监护的情况下单独乘坐电梯，因无法正确操作电梯按钮会导致其关在电梯轿厢内，特别是无法同外界取得联系，得不到及时营救，容易发生意外事故。

4.6.5 思考题

（1）电梯安全事故通常是由什么引起的？

（2）造成电梯事故的根源是什么？

（3）工程师在电梯制造过程中负有哪些责任？

参考文献

[1] 段发楠, 李润珍. 电梯安全事故中的工程伦理责任分析[J]. 科技视界, 2014, (4): 142-143.

[2] 刘帅. 关于电梯质量安全与安装维护问题的探讨[J]. 中国机械, 2019, (7): 79-80.

[3] 李思远, 张士涂. 电梯安全事故的原因分析及防控手段探索[J]. 建筑工程技术与设计, 2019(6): 4372.

[4] 夏利勇. 电梯安全事故频发与行业深层次原因研究[J]. 科技展望, 2016, 26(30): 251-252.

4.7　锦承线列车脱轨事件工程伦理分析

内容提要：随着社会经济的不断发展，作为社会基础设施的铁路交通的运输能力不断提高，铁路运输在货物流通和乘客出行上发挥着十分重要的作用。锦承线最早开通于1938年，开通至今已有80余年，期间锦承线经过多次修复与改造工作。2014年，锦承线扩能改造设计批复，到2019年12月24日扩能改造工程完全结束。扩能改造后的锦承线在2020年4月12日发生列车脱轨事件。本节针对此次事故，运用工程伦理分析的方法，对事故进行分析，明确施工人员、设备管理部门和相关工程管理部门在此次事件中应当承担的责任。

关键词：铁路交通；锦承线；列车脱轨；扩能改造；工程伦理

4.7.1　引言

随着我国基础设施的不断完善，城市与城市之间的联系愈加地紧密。我国基础设施的发展建设，大大方便了人们的生产生活，其中铁路运输在人们的长途出行中发挥着十分重要的作用。

4.7.2　相关背景介绍

锦承线线路总长度为436.7 km，运营速度为120 km/h，途经车站总数量为35个，是国家一级铁路。锦承线起始于锦州站，终点站为承德站。1933年，已占领中国东三省的侵华日军，为进一步占领中国华北地区，加快侵略步伐，决定修建锦州至北古口的锦古线（此为锦承线前身），并于1938年开始通车，锦古线至此成为东北地区连接关内的重要通道。作为战争需要而修建的锦承线，由侵华日军仓促修建，质量较差，且在抗日战争时期遭到多次破坏，损毁严重，部分路线曾一度禁止通行。解放后，国家对锦承线多次进行修复，恢复通车。至2019年锦承线已有81年历史。

锦承线由于修建时间较早，基础设施和设备老旧，技术标准较低，且多依山而建，铁路坡度较大，不利于机车通行。由于经济的发展和人们对交通安全意识的不断提高，锦承线不再能够满足社会发展的需求。2014年，锦承线设计批复，进行扩能改造工程。2019年12月24日，3 700多名工人经过10多个小时的劳动，朝阳至叶柏寿段施工完成，这标志着锦承线扩能改造工程的彻底完工。锦承线改造前为非电气化单行线，改造后的锦承线变为双行电气化线路，时速将从100 km提高到120 km，大大提高了其客货运能力。扩能改造后的锦承线将会对沿线城市的经济发展做出更大的贡献。

4.7.3　情节描述

2020年4月12日，辽宁省朝阳市境内，中国铁路沈阳局集团有限公司管内锦承线发生了一起旅客列车脱轨事故。2020年4月12日14时29分，K7382次旅客列车由赤峰南开往山海关，列车以50 km/h的速度行驶，并未超速行驶。但当其行驶至锦承上行线大营子线路所3#道岔口处，机车及后一到两位车辆突然脱轨侵入锦承下行线。虽然这次事故未造成无人员伤亡，但是其中的危险性同样值得引起相关人员关注。事故发生后，锦承下行线行车中断12 h 28 min，上行线行车中断14 h 1 min。此次事故被判定为较大铁路交通事故，直接造成的经济损失70多万元人民币，所幸并未造成人员伤亡。

4.7.4　原因分析

事故原因是施工工人进行无缝线路胶接时设定气温为−16.1℃，并将此温度锁定为轨温，但是这一温度超出设计锁定轨温范围，属于严重的操作错误。事故发生时当地气温为20.2℃、轨温37℃，锁定轨温和实际轨温差达53.1℃。设备管理单位未按规定针对气温回升情况及时实施应力放散，由于温差较大使轨道发生胀轨，3#道岔尖轨与基本轨离缝。当K7384次旅客列车运行至此，机车车轮从尖轨尖端处挤入道岔直尖轨与曲基本轨间的缝隙，导致脱轨。

4.7.5　结论和启示

锦承线扩能改造固然是一件好事，改造后的锦承线将能够具备更强的运输能力，能够满足更多人的出行需求，并且能够加快沿线的经济发展，促进资源分配的合理和公平。但是越是好事，就越是需要认真对待，避免好事办成坏事。火车作为人们出行的主要交通方式，其工程安全关系着广大人民的生命安全。安全无小事，虽然锦承线此次事故并未造成人员伤亡，但是也应当引起大家足够的重视，一次的幸运并不能代表次次都幸运。该次事故虽然是由于工人的操作不当造成的，但是整个工程的相关部门都应该对此次事故负责。只有优秀的管理制度、合理的进度安排、严格的监督措施等才能组成一个完整的体系，才能做出真正高质量的工程，才能够真正地保障人民的生命财产。

4.7.6　思考题

（1）在锦承线扩能改造工程中，工人是整个改造项目的直接实施者。工人的技术水平、细心程度和责任心等与工程的质量直接相关。此次事故中，施工工人存在哪些问题？同时又存在哪些工程伦理上的问题？

（2）在一个工程的执行过程中，对施工状况的监督将对最终工程的完成质量产生很大的影响，可以说是决定一个工程成败的关键。此次事故中，施工管理单位对工人施工状况的监督是否符合要求？

（3）工程承包方作为工程的主要管理者，负责组织整个工程的具体实施过程、进度安排和工人招募等。那么从整个扩能改造的角度思考，此次事件中工程承包单位扮演着什么样的角色？

参考文献

[1] 国家铁路局."4·12锦承线旅客列车脱轨铁路交通较大事故调查处理公告"[EB/OL].（2020-04-30）[2022-10-20].http://www.nra.gov cn/22jg/jgj/syjd/sgsgg/202004/t20200430_337373.shtml.

4.8　沱江大桥特大坍塌事故案例分析

内容提要：2007年8月13日16：45，中国湖南湘西土家族苗族自治州凤凰县还处在修建施工阶段的沱江大桥突发塌方事件。经过近五天的搜查与搜救，最终152名相关人员中有64人死亡，22人伤残，造成损失经济约4 000万元。调查组对这起沱江大桥"8·13"特大坍塌事故进行了现场勘测、调查取证、技术鉴别、综合分析，从立项审批、地质观测、工程设计及施工、工程监理、项目管理五个方面开展认真调查，确定这是一起损失惨重、教训深刻的质量生产安全责任事故。

关键词：沱江大桥；坍塌；安全防范；施工安全

4.8.1　引言

近几十年来，我国的国民经济水平和人民生活水平不断得到提升。与此同时，国家在这一时期开始兴建大规模的交通、建筑物、桥梁以及各种便利人民日常生活的公用基础服务设施。然而在这样巨大的经济发展背后，也存在着一些问题。由于建筑设计与建造水平有限，加之存在工程监理监督不力的问题，导致一些工程事故时常发生。这些事件造成了很大的损失，也对人民的安全造成了很大的威胁。在此类事故中，湖南省凤凰沱江大桥特大坍塌事故便是一个经典的案例。

4.8.2 相关背景介绍

湖南凤凰沱江大桥位于湖南省湘西自治州凤凰县至贵州省铜仁地区大兴机场的二级公路土县溪水段，实行双向双车道设计。该桥累计投入资产1 200多万元，大桥全长328 m，横跨方向为4个孔，每个孔直径65 m，高度为42 m。沱江大桥是中国一条原规划于2003年启动，至2007年8月底完成的特大型桥梁。然而，在2007年8月13日16：45左右，桥梁正在进行拆除前最后的脚手架阶段时，桥梁的四个拱顶突然出现了横向塌陷。

4.8.3 情节描述

在经过了大约123 h清查搜救的工作之后，截至8月18日晚，统计出当时共有152名工作人员参加了这项大桥施工，其中有88人生还，22人受不同程度的重伤，64人死亡，造成的经济损失约4 000万元。经过特大坍塌事故调查组对事故现场的勘察、鉴定及分析，在地质、工程设计及施工、材料把控和现场检测等方面展开了细致的调查，最终认定沱江大桥坍塌事故是一起因质量问题而发生的安全责任事故。经过详细的现场调查分析后，国务院于同年的12月25日发布了这起坍塌事故的分析结果：24人被移交司法机关，32人受到纪律处分。该自治州原州长因该起大桥坍塌事故被省纪委立案。

4.8.4 原因分析

1.事故直接原因

事故调查组对沱江大桥实施了原结构和坍塌阶段结构平行检测，结果显示：原设计的主拱环和该桥的结构抗拉强度、刚性都达到了标准，原设计结构布置、构件规格、材料选型都科学合理，原设计建造阶段结构基本合理，但实际运行阶段拱环的安全储备相对较低。

各类综合地质查询结果表明，沱江大桥桥墩和桥台没有产生位移。桥梁倒塌的直接原因在于主拱圈的砌筑材料不符合规范和施工规定，以及上部结构施工顺序不当，同时主拱环的砌筑质量也不好，直接损害了拱环的整体性，使拱环刚度显著下降。由于拱上施工荷载的持续增大，1号孔主拱环最薄弱部分的刚度超过损伤限值而出现塌陷。受连接拱效应的影响，整座桥迅速发生坍塌。

2.事故间接原因

针对这次倒塌事件，施工单位、工程监理单位、建筑设计单位及其有关主管部门，均需承担相应的民事责任。

建设单位严重违反桥梁建设法规和标准，擅自更改主拱环原有施工方案，使用材料和石材，主拱环施工不符合标准要求，在主拱环达到设计强度之前就开始对落地架施工拆除。

监理单位由于在桥梁工程建设阶段未能认真监督施工单位，以致存在施工质量不合格、施工材料不符合规定等问题，未经设计单位的批准，便私自将原主拱圆设计方案和施工方案擅自改签，甚至要求监理人员不要再去大桥上检查。

勘查工程设计单位未能遵守有关规范，私自把地质勘查工程项目承包给个人，工程设计深度不足，现场服务与设计公开不落实。

有关主管部门、监管部门和当地人民政府没有认真履行职责，忽视监管，没有及时发现并处理工程项目施工中出现的潜在工程质量安全问题，是坍塌事故的间接原因。

4.8.5　结论和启示

从以上分析不难看出，此次事故是因为从设计到施工再到管理上均出现了问题，这是设计师和施工单位等多方面的共同责任。

随着现代结构理论的逐渐完善，以及建造材料、施工技术、管理水平的进步，建筑结构整体破坏的事故似乎越来越少发生了。不过，以钢材建造的大跨度空间结构，其设计愈加精细轻巧、结构冗余度低，因种种意外、设计缺陷，或者某部分管理不当而坍塌的事件仍然时有发生。所以，工程师们要在各个层面严格把控，减少事故的发生。

诚信的工程师不仅仅要遵守法律法规，更要肩负更高的社会使命。与此同时，中国现在也在进一步推行工作义务责任制，随着国家法律制度的日益推进，施工领域的法律法规体系将会越来越完善，在法律法规体系的保障下，施工人员的做法会越来越规范，人为因素造成的施工问题也会大大减少。

4.8.6　思考题

（1）坍塌事故是天灾还是人祸？

（2）以本案例为例，结合土木工程及其建设活动的特点，思考为什么在土木工程实践中会出现伦理问题？

（3）土木工程建设中，常常会遇到与公众利益发生现实或潜在冲突的情况，土木工程师应该如何平衡利益、成本、风险等方面的责任？

参考文献

[1] 赵少杰, 唐细彪, 任伟新. 桥梁事故的统计特征分析及安全风险防控原则[J]. 铁道工程学报, 2017, 34(5): 59-64.

[2] 哈里斯, 普理查德, 雷宾斯, 等. 工程伦理: 概念与案例[M]. 丛杭青, 沈琪, 魏丽娜, 等, 译. 北京: 北京理工大学出版社, 2006.

第5章 其他工业工程

5.1 切尔诺贝利事件的工程伦理分析

内容提要： 切尔诺贝利核事故简称"切尔诺贝利事件"，是指发生在苏联统治下乌克兰境内切尔诺贝利核电站的核子反应堆事故。该事故被认为是历史上最严重的核电事故，也是首例被国际核事件分级表评为第七级事件的特大事故。该事故中有9.3万人因受到辐射患癌致死，普里皮亚季城因此被废弃，造成了人民生命和经济的重大损失，也间接地导致了苏联的解体，是人类和平使用核能历史上最大的一次惨剧。

关键词： 核事故；反应堆；爆炸；普里皮亚季城

5.1.1 相关背景介绍

苏联在勃列日涅夫时代，贪污、盗窃和将国家财产据为己有的现象非常普遍，行贿成风，生产效率低下。勃列日涅夫时代的后半部分，被称为苏联的"停滞期"和"僵化期"，经济发展近乎停滞，人民生活水平逐渐下降，政治上官僚主义和形式主义盛行，给苏联共产党的党风和社会风气都造成了极为负面的影响。同时，在20世纪下半叶，美苏争霸程度加剧，常通过局部代理战争、科技和军备竞赛、太空竞赛、外交竞争等"冷"方式代替战争。因此，苏联无论工业还是国防，很多设施和工程的设计和运行急于求成，并没有充分准备和调研，造成了许多本可以避免的事故（如宇航员科马洛夫罹难、1960苏联航天灾难等）。

正是在这样的背景下，切尔诺贝利核电站开始修建，成为1977年启动的全苏联最大的核电站。切尔诺贝利核电站共四台机组，均为RBMK型反应堆。1986年4月26日凌晨，4号机组发生了爆炸，5、6号反应堆在4号反应堆爆炸后停工（见表5-1），但1、2、3号反应堆仍然运行，多年来1、2、3号反应堆也频繁出现问题。

表5-1 切尔诺贝利核电站所有机组运行情况

反应堆机组	建成年份	关闭年份	运营说明
1号	1977	1996	1982年发生部分堆芯熔化事故，修复后继续使用
2号	1978	1991	1991年汽轮机厂房氢气着火，随即关闭
3号	1981	2000	一直运行至2000年
4号	1983	1986	切尔诺贝利事故中爆炸
5、6号			4号机组爆炸后，5、6号机组停工

5.1.2 情节描述

1.事故起源

1986年4月25日，切尔诺贝利核电站进行测试性实验，实验的目的在于测试核反应堆停车后，旋转的汽轮机可以为电厂系统提供多长时间的电力，旨在能让核电站持续稳定地安全供电，但是前三次实验均以失败告终，而实验一般是在停车检修前进行，因此错过了这次实验就只能等第二年再进行。

切尔诺贝利核电站的4号机组是一台模范机组，一向运行得非常好，过于自信的工作人员认为这仅仅是一次电力实验，并没有多大的安全风险。测试人员计划把4号机组功率降低一半进行实验，如果实验顺利可以继续降低至30%的功率，但是当时苏联方面的电力调度主管出于给基辅日间供电需求的考虑，不允许继续降低功率，因此核电站4号机组以半功率运行了9 h。实验不得不推迟进行。当天夜里有经验的高级工程师早已下班回家，而在夜里进行实验的工作人员几乎都是新手。

2.事故经过

4月25日23时10分，实验人员接到许可，降低功率进行实验。实验人员在降低功率时，忘记将一个控制器进行复位，4号机组并没有达到预想的30%功率，而是仅仅以1%的功率运行，几乎相当于停堆。在这个功率下，机组运行会有一定的副反应产生，碘-135衰变为氙-135，惰性气体氙气非常容易吸收中子，加速降低核反应的功率，如果不采取措施，反应堆只能停堆。

按照日常安全操作，应立即停堆24 h，待氙-135衰变结束后才可进行安全实验，但代理总工程师迪亚特洛夫立功心切，想继续实验，说服了值班主任拔出了尽可能多的控制棒。

4月26日凌晨1时，反应堆中的氙浓度还是很大，控制人员拔出了211根控制棒中的205根（远低于安全规程中规定：剩余控制棒最少为30根）（见图5-1），但功率依然回升缓慢，原因仍在于低功率下的副反应。1时20分，控制人员设法让反应堆功率恢复至总功率的7%，由于此操作违反安全准则，控制室中报警声频发，因此迪亚特洛夫关闭了安全警报和控制棒的自动控制系统，改为手动控制，1时23分，汽轮机所得到的信号被切断。

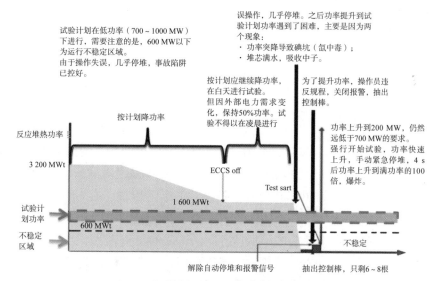

图5-1 切尔诺贝利4号机组当日实验流程

1时23分40秒，由于长时间的低功率运作，堆芯中的水并未沸腾，汽轮机所得到的蒸汽有限，转速较低，因此汽轮机的输出电压也较低，导致主泵供电不足，循环冷却水难以在机组中循环。此时机组中的中子快速和副反应产物氙-135反应，随着氙消耗，副反应明显减少，很快机组的功率便由缓慢上升变成了激增。这时控制室虽已报警，但无法自动控制反应速率，值班主任阿基莫夫意识到反应失控，按下AZ-5紧急停堆按钮，控制棒插入反应堆可以阻止链式反应，从而控制核反应速率，控制棒下降需18 s，由于在控制棒的尖端有少部分石墨加速了核反应，使控制棒在已经热变形的控制管道中被卡住，燃烧棒解体，蒸汽压明显上升，最终在控制棒下降6 s时，极大的蒸汽冲破7 000 t的混凝土顶盖，反应堆爆炸，燃烧的石墨块和燃料冲向一千多米高的空中[1]。

3.事故善后

事故发生后，28名消防员仅接到普通的火灾报警，在未做任何防辐射措施的情况下灭火近5 h，遭到了严重的辐射，事故后有12名消防员牺牲。

苏联政府调集数百架直升机空投5 000 t沙子、黏土和含硼材料，熄灭了石墨，事故十天后辐射明显下降。但覆盖的这些材料成了保温层，使堆芯温度上升，很有可能在融化厂房底板后，落入下方水池发生蒸汽爆炸，三位志愿者不畏辐射，打开底层的排水阀门抽干20 000 t高辐射的废水，避免了二次灾难的发生。之后的半年时间，在原本的废墟上，用混凝土建成了"石棺"，约有250 000人参与，耗资1 800亿卢布。

5.1.3 技术及伦理分析

1.原因分析

（1）工程人员的操作失误：工程人员操作时，违规断开了安全系统，拔出了远超出安全章程所规定的控制棒，从而使反应堆过热，直接导致反应堆爆炸。

（2）管理及培训松散、不到位：管理人员安全意识淡薄，培训不到位，管理较松散，负责人不具备操作资质，缺乏社会责任，从而丧失了"以人为本"的伦理准则。

（3）不安全和不稳定的反应堆设计：压力管式石墨慢化沸水反应堆的设计缺陷，尤其是控制棒的设计，加速了反应堆的爆炸。

（4）政治大环境的影响：当时处于冷战的大环境，美苏大范围进行军备竞赛，在许多实验和测试中，决策者多采用冒进的方式进行实验，同时管理者急功近利的心态也导致实验失败的风险明显上升。

2.工程伦理分析

（1）技术伦理：核电可以缓解当前能源和环境危机问题，对人类的可持续发展有着重大意义。但是切尔诺贝利核事故说明核电技术并不是绝对的安全[2]，核反应堆设计缺陷，不遵守遵循安全标准的操作以及涉核公共信息不透明，这些问题都直接或间接导致了核事故的发生。

（2）利益伦理：冷战背景下，不具备操作资质的负责人为了自己的政治利益，在此次核实验中急功近利，违背工程伦理的基本准则，冒进实验，造成悲剧发生。

（3）责任伦理：工程师是掌握专业知识和技能的专业人员，对于核电的重大工程的决策、管理活动，必须对公众、社会和自然负责，确保决策最优化，兼顾短期和长期利益。对于核电应保持谨慎的态度，在工程项目中进行伦理道德和社会价值上的充分评估，避免核能对正常社会造成干扰。显然切尔诺贝利事件中的决策，危害当代和后代人的公共福利，有损环境，破坏可持续发展的原则，是不道德的。

（4）环境伦理：发展核电应遵循生态原则，即在满足人类可持续发展的能源需求的同时，将对环境和生态的破坏减至最小。其实在各种能源中，核电是温室气体排放量最小的发电方式。遵循生态原则，就是要使核能的开发与利用有利于保护环境和维护生态平衡。

5.1.4 结论和启示

切尔诺贝利核事故是全人类的灾难，也是人类历史上的一次重大悲剧，乌克兰有250多万人因此次事故身患疾病。依靠大自然修复此次浩劫带来的影响至少需要800年，如何平衡核能与环境的问题，归根到底是人与自然和谐相处的问题。因此在利用核能时，要遵循以人为本、可持续发展、生态环保及公正公平的工程伦理原则，从全人类的整体利益和长远利益出发。①要完善管理机制和监督机制，任何操作不能急功近利，应严格依照规章制度进行，落实工程师的伦理责任，始终秉持安全第一的原则；②要加强工程人员的培训，同时需要用道德的引导和约束，保证核工程向着有利于人类的方向发展，定期考核，增强工程人员技术方面的本领，从根源上摒弃核工程操作中不安全的因素；③核工程必须坚持生态原则，要为大自然和人类的子孙后代负责，合理处置核工程中的"三废"问题，处理过程应公开、透明，接受大众的监督。

5.1.5 思考题

（1）如何合理利用核能源，避免切尔诺贝利事件的再度发生？

（2）在美苏争霸中，为了国家利益，有关人员多次在切尔诺贝利核电站冒险实验，这种行为如何理解？

（3）切尔诺贝利事件中，苏联政府并不是第一时间公开信息，请思考在核工程中影响信息公开的主要因素有哪些？

参考文献

[1] SAENKO V, IVANOV V, TSYB A, et al. The Chernobyl accident and its consequences[J]. Clinical Oncology, 2011, 23(4): 234-243.

[2] 左凤荣. 切尔诺贝利事故的原因与教训[J]. 理论视野, 2011, 136(6): 55-58.

[3] 陈雷. 切尔诺贝利30年: 仍在持续的伤痛[J]. 生态经济, 2016, 32(6): 6-9.

5.2　日本核废水处理问题分析

内容提要：2011年，全世界最大的在役核电站——福岛核电站因一场9.0级的地震而发生泄漏事故。随着时间的流逝，这个事情似乎已经被人们遗忘。然而10年后，日本方面又传来了令人不安的消息：由于储水设备已经几近满载，日本决定将含有放射性物质（氚、碳-14、锶、钴）的污染水直接排放到大海。如果将现存约120万吨污染水全部处理并排放入海，造成的后果不堪设想。

关键词：日本；核废水；辐射

5.2.1　引言

日本政府和东京电力公司将这些核废水处理完成，大约需要30年的时间。相比较于其他的解决方法来说，排放入海是最简单、代价最小的处理办法。然而一旦核废水排放入海，对太平洋周边国家，乃至于全世界各个国家和全人类来说，都是一场浩劫。辐射将导致动植物变异，会使人体产生不适，严重的可造成人体器官和系统的损伤，导致各种疾病的发生，如白血病、再生障碍性贫血、各种肿瘤、眼底病变、生殖系统疾病、早衰等。

5.2.2　相关背景介绍

从2011年3月福岛第一核电站（见图5-2）发生事故以来，福岛核污水处置便备受关注。据报道，福岛第一核电站事故发生后，冷却核反应堆的残留污水中含有高浓度的放射性物质，东京电力公司通过污水处理设备"多核素去除设备"（Automatic Lead Processing System，ALPS）对污水进行处理后，再将其储存在水箱中，但其中名为"氚"的放射性物质难以去除。

日本排放核废水对外宣称的理由是储存罐的容量将要达到上限，并且这些储存罐抗震性能较差，一旦发生与2011年的福岛核电站类似的事故，将会导致污染的核废水一次性排放，造成的后果比陆续排放的后果要大。日本政府和东京电力公司宣称，经过他们的模拟计算，连续排放的影响是比较小的。图5-3为储存的核废水罐。

图 5-2　发生事故的福岛核电站

图5-3　储存的核废水罐

5.2.3　情节描述

1.多地震的日本

日本是一个岛国，陆地面积约37.8万km²，包括北海道、本州、四国、九州四个大岛和其他6 800多个小岛屿，东部和南部为太平洋，西临日本海、东海，北接鄂霍次克海，隔海分别和朝鲜、韩国、中国、俄罗斯、菲律宾等国相望。从地形地貌来看，日本是一个多山的岛国，山地和丘陵占总面积的71%。日本位于环太平洋火山地震带，火山、地震活动频繁，全球有1/10的火山在日本。据统计，世界全部里氏规模六级以上的地震中，超过20%都发生在日本，危害较大的地震平均三年就要发生一次。

世界上最大的核电站是建立在日本福岛县的福岛核电站，总装机容量7 965 MW，由福岛一站、福岛二站组成，共10台机组，均为沸水堆。2011年3月11日，日本发生了大地震并引发了巨大的海啸，致使核电站反应堆发生故障，虽然福岛县第一时间就开展了震后救灾工作，但是还是发生爆炸事故。具体发生事故的是福岛一站（即福岛第一核电站），位于日本福岛县双叶郡大熊町，在东京市北约220 km处，呈半椭圆状卧于海岸，占地约3.5 km²，自南向北分别是四号到一号机组，在更加靠北的位置则是五号、六号机组，在东侧位于海湾中的部分则是用于阻挡海啸的海堤，在核电站周围方圆5 km²内居住有9 241人，15 km²之内则有52 539人。

爆炸发生后，为了冷却核反应堆，需要每天都往里不断加水，因此便产生了大量的核废水，这些核废水被储存在成千上万个大大小小的罐子里面。虽然说日本承诺会先进行稀释处理，可是体量如此庞大的核废水，依旧会给太平洋带来极大的损害，破坏原本的生态环境，从海里的生物到餐桌上的鱼类，再到吃了鱼类的人类，都免不了遭受核废水所含放射物的危害。

2.核废水危害

据了解，虽然废水已经通过事故放射性废水净化处理装置进行了处理，但是由于上述装置无法去除氚，导致处理后废水中氚的平均活度浓度仍然达到7.3×10^5 Bq/L（Bq，放射性活度的单位），超出了日本相关法规中规定的6×10^4 Bq/L的排放活度浓度限值。

为什么氚这么难处理呢？是因为它是由氢和氧两种元素构成的，氚是氢的一种同位素，含氚的水和普通含氢的水具有相同的化学性质，物理性质也很接近，因而所有的水处理办法，包括离子交换、蒸发等，都很难去除氚。氚是一种放射性核素，半衰期大概12.5年。

此外，废水中还含有铯-137、铯-134、锶-90、钴-60、碘-129、钌-106等放射性核素。刘新华说，虽然经净化处理后，除氚以外其他放射性核素的含量已大幅降低，多数核素低于日本相关法规中的排放限值，但仍有部分贮罐中碳-14、碘-129、锶-90等核素高于限值。

3.处理方式

2013年以来，日本政府对5种处理核废水的方案即蒸汽释放、地下掩埋、排入海洋、氢气释放、地层注入进行了评估，考察每种方案的可行性和局限性，如技术可行性、规模、监管要求和排放时间等。

如果使用水蒸气排放方案，将所有的污染水加热烧开成水蒸气，那么巨量的高浓度放射性物质就会进入到空气中，造成不可预测的反应，甚至有可能使整个东京都笼罩在核辐射的浓雾之下。如果使用地下填埋的方式，大量核废水深入土里，那么很难保障居民的饮用水不受污染。

2020年2月，ALPS净化水处理小组委员会发布的日本福岛核事故处理后废水处置方案，评估报告结论认为，排入海洋与蒸汽释放都是可行的方案（见图5-4）。所谓蒸汽释放，是将处理后的水加热蒸发，使水蒸气中的氚不超过5 Bq/L，然后排出，随风飘散。显然，排入海洋的操作更为便捷，其他处置方案从经济性、技术成熟性或时间方面考虑较差。

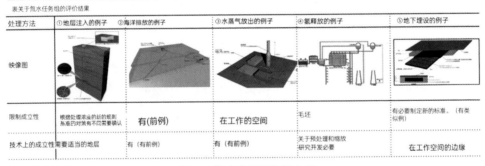

图5-4 核废水两种处理方式

4.排放危害

核污染水一旦排入大海，不仅会污染福岛附近海域，也会影响到邻国海域，甚至对全球海洋生态环境造成不良影响。德国海洋科学研究机构指出，福岛沿岸拥有世界上最强的洋流，从排放之日起57天内，放射性物质就会扩散到太平洋的大半区域，3年后美国和加拿大将遭到核污染影响，10年后蔓延到全球海域，影响到全球鱼类迁徙、远洋渔业、人类健康、生态安全等方方面面，对人类社会和海洋生态环境健康的潜在威胁难以估量。

5.日本国内外反应

首先是福岛县的居民，他们为自己的人身安全所考虑。这一群体之中反映最强烈的是渔民，渔业曾经是福岛的支柱产业之一，但核泄漏事件发生之后，没有人敢以身犯险去尝试福岛的水产品。

一些国际环境团体也持强烈反对意见，绿色和平组织和专家曾表示希望日本当局采取其他方式解决这一问题，如为储水设施提供更多的土地来储存受污染的水，但经交涉后得出的结论是：日本政府急于将污染水排到海里。

这一决定也遭到了韩国的强烈反对，韩国海洋与渔业部下属的海洋科学技术研究所分析了德国亥姆霍兹海洋研究所的深入视频数据，得出了一个结论：一旦受污染的水从福岛海岸排放后，将在一个月内到达济州岛和黄海（韩国称之为西海）。

韩国外交部强硬表态："政府将在与国际社会合作的基础上采取措施，并监测日本的污水处理活动，把我们人民的健康放在首位。"

可见，环保组织和各国公民都无法接受日本这一行为。

5.2.4　原因分析

人类自然生态活动中一切涉及伦理性的方面构成了生态伦理的现实内容，包括合理指导自然生态活动、保护生态平衡与生物多样性、保护与合理使用自然资源、对影响自然生态与生态平衡的重大活动进行科学决策以及人们保护自然生态与物种多样性的道德品质与道德责任等。

日本这一处理方式完全抛弃了自己的伦理道德，是日本政府出于利益的直接选择。

在工程伦理中的核工程：要求人与人、人与自然的关系协调。一是人类作为整体公正地对待自然，二是人类作为个体公平地承担对自然环境的责任。很显然，日本政府在此方面做得极为失败，没有做到人与自然的关系协调，也没有做到承担对于自然环境的责任。

在不负责任地处理核废物的问题上，并不只是一个技术问题，而是对伦理学提出的挑战。

5.2.5　结论和启示

（1）在核工程方面仍旧是"人祸"大于"天灾"，必须加强核电站的管理，把危险遏制在萌芽中，建立相关的合理的应急响应处理机制。

（2）出了问题，必须直面问题，寻求解决的办法。加强对自然生态环境行为的自律性。

（3）积极地寻求国际社会的求助。

（4）加强核工程的安全设施，提高核电站的安全准则，并考虑到各种极端因素。

（5）提高核安全文化知识。

5.2.6　思考题

（1）如何看待日本排放核废水入海这个问题？

（2）针对日本排放核废水入海事件，国际社会的反应有哪些？

（3）人们以后遇到此类问题该怎么办？

参考文献

[1] 余少青, 张春明, 陈晓秋, 等. 日本福岛核电站事故后高浓度放射性废水处理系统介绍及其应用启示[J]. 辐射防护, 2013, 33(5):294-299.

[2] 新华网. 专家: 日本核废水入海对环境影响复杂深远[EB/OL].（2021-04-14）[2022-10-20].http:www.xinhuanet.com/science/2021-04-14/c_139878892.htm.

5.3　波士顿糖蜜爆炸事件背后的工程伦理问题

内容提要：波士顿糖蜜灾难是1919年1月15日，美国马萨诸塞州波士顿North End住宅区的一座巨大糖蜜储存罐爆炸所引起的灾难。巨大的糖蜜波浪以约56 km/h的速度冲入周围的街道，导致21人死亡，150人受伤，大量建筑物被损坏。这一事件已经进入当地的都市传说，居民声称如今在炎热的夏日，街道仍然能闻到糖蜜味。

关键词：波士顿糖蜜；糖蜜爆炸；工程伦理；伦理

5.3.1　引言

1919年，波士顿遭遇了一场比洪水更可怕的"甜蜜海啸"。波士顿虽然是沿海的港口城市，但此前没有任何预警通知。巨浪摧毁了街上大量的建筑，甚至毁掉了临近波士顿高架铁路系统的一个站台，一辆刚好经过的火车因此而出轨了。

正如作家蒂芬·普利奥所写："齐腰深的糖蜜覆盖了整条街，形成着漩涡，冒着气泡。哪里都有东西在挣扎着，分不出那是动物还是人类。偶然有人从这黏稠的东西里拼命挣扎出来，才说明那里还有生命，大量马匹像站在粘蝇纸上的苍蝇一样死去。越是挣扎，就陷得越深。无论何等样人，都遭受着同样的厄运。"

5.3.2　相关背景介绍

甘蔗、甜菜制成食糖过程中的副产品糖蜜，通常作为甜味添加剂使用。但它还有一个更重要的用途——经过发酵等步骤，糖蜜可以产生乙醇。所以在20世纪初，糖蜜也是酿造朗姆酒的一种传统材料。但是第一次世界大战爆发后，人们已经顾不上舌尖的享受，糖蜜被赋予了更重要的使命——作为化工原料，用作装备武器的无烟火燃料。在一战期间，美国80%的糖蜜都用来生产工业酒精，战争的需求被摆到了比生活需求更紧迫的地位。

1917年美国工业乙醇公司收购了纯净蒸馏公司，开始加大糖蜜制造乙醇的生产量并且用糖蜜来生产工业乙醇，出售给英法等国的武器制造商。为了减少运输和储存等费用，纯净蒸馏公司决定在位于波士顿港和高架铁路系统之间的North End住宅区建立很大的糖蜜储存罐。

从1920年1月17日凌晨0时，美国宪法第18号修正案——禁酒法案将会正式生效。根据这项法律规定，凡是制造、售卖乃至于运输酒精含量超过0.5%以上的饮料皆属违法。美国工业乙醇公司则恰好打着正当的名头，积攒着大量的糖浆。在一年后，它就拥有充足的原料，到时在背地里偷偷酿造酒精，再经由黑市卖出便会大赚一笔。

5.3.3 情节描述

（1）灾难发生。波士顿的冬季，温度常常低至0℃以下，灾难前几天也吹着刺骨的寒风。但在1919年1月15日这天，一大早就出了个大太阳，气温高达4℃。这个温度已经突破了往年同期的高温。当日中午十二点多，突然一声巨响从糖蜜厂传来，打破了人们午后小憩的静谧。但扰人清梦还算不了什么，不曾料到这原来是关乎生死存亡的"甜蜜灾难"。惊人的深褐色糖蜜洪水轰然袭来，它以56 km/h的时速卷起8 m高的巨浪，穿梭在街道间的空隙中，直接冲击和铺压一切对它造成阻碍的物体。

突如其来的灾难席卷小半个城市，摧毁了街道、马路、高架桥与无数房屋（见图5-6和图5-6），累计造成了1亿美元的建筑损失，甚至让21人在糖蜜浪潮中丧生，150人受伤。

糖蜜罐中870万升的糖蜜把附近几条街道都淹没了。这时候的波士顿即使是下水道也散发出糖蜜的甜味。但这股甜味再也不能让人产生愉悦的心情，而是让人感觉甜得发腻。

图5-5 被糖蜜席卷的街道　　　　　　图5-6 被糖蜜浪潮摧毁的建筑

（2）抢救与清理。灾难发生后，满城的糖蜜冷却下来，街道被粘住无法通车和行人。死者不知道被糊在哪个角落，也难以辨认身份。救援队花了四天的时间才艰难地开辟出救援道路，完成现场救援。伤者也终于脱离黏稠，回归干爽的空气中。

而城市的清理才是最严峻的问题。三百位志愿者用盐水降低糖蜜的黏度，再用沙子吸收，缓慢地清理着面目全非的城市。他们花了一个月的时间才基本清理好街道。但这场灾难却给波士顿遗留了难以抹除的甜蜜阴影。

（3）事件收尾。第一次世界大战期间曾担任上校职务的波士顿律师休·奥格登被任命为审计师。到三年后举行听证会时，休·奥格登已听取了921位证人的证词，笔录近25 000页，律师展示了1 584张展品。在发表结论之前，休·奥格登学习了一年的材料。这是马萨诸塞州历史上最长、最昂贵的民事诉讼。

休·奥格登在1925年4月28日做出了长达51页的判决，并裁定美国工业乙醇公司应对这场灾难负责。休·奥格登写道："对蜜糖罐的安装和维护的总体印象是紧迫的工作。我相信并发现，高主应力、低安全系数和次级应力共同造成了这种后果。"

休·奥格登建议赔偿约30万美元，相当于现今的约3 000万美元，其中约6 000美元给了遇难者的家属，25 000美元给了波士顿市，42 000美元给了波士顿高架铁路公司。面对不利裁定，美国工业乙醇公司的律师迅速达成庭外和解协议，对遇难和受伤者的家属给予稍高的赔偿。

这起悲剧的结果是，波士顿市政府开始要求所有建筑项目的计划必须由工程师或建筑师签署，并提交给该市建筑部门存档，这种做法很快就传遍了整个美国。

5.3.4　原因分析

（1）高温。有人认为，当天异常的高温是糖蜜罐炸裂的重要诱因。在高温下，糖蜜罐中的大量糖蜜会自发发酵生成乙醇，其中包括副产物二氧化碳的产生。二氧化碳气体不断膨胀，而储存罐的体积有限。在达到极限之后，气体撑破糖蜜罐发生爆裂，成吨的糖蜜也因此涌出来。

（2）材料及设计。装载着1.4万吨的巨型糖蜜罐是用钢材做的。这种材质无法保证能承载这样的质量。而且储存罐的厚度非常薄，比指定的厚度还要薄，底部罐壁大约在0.8~1.7 cm，根本无法承受满载的糖蜜。铆钉设计也有不足，应力过高，容易出现裂纹。

（3）监管。负责建筑糖蜜罐的人Jell曾担任财务官。他看不懂计划，也没有寻求工程建议。糖蜜罐没有经过充分的设计和将其注满水以判断泄露的测试。当罐中注满糖蜜时，罐身有多处裂缝，公司不得已将罐涂成棕色以便掩盖裂缝，当地居民甚至可以从中收集到糖蜜拿回家。

5.3.5　结论和启示

海恩法则指出：每一起严重事故背后，必然有29次轻微事故和300起未遂先兆以及1 000起事故隐患。波士顿糖蜜爆炸案背后也是如此。一场高10多米的糖蜜巨浪突然袭向城市的众多行人和建筑。由于事情来得实在太过突然和迅速，很多人都没反应过来，就被蜜糖包裹窒息而死，而很多建筑也被爆炸的冲击波给击毁。

事后调查发现是在城市的北边的糖蜜储罐发生了爆炸。城北的工厂主要是生产乙醇，这个在当时具有很高的军事利用价值。当时放在波士顿是考虑到波士顿每年在这个季节的温度都比较低，一般在0℃以下，所以不会有什么意外发生，但是那一天意外偏偏发生了，当时的温度偏高，超过了4℃。

这场爆炸还和生产乙醇的公司的失误有很大的关系，他们所制造的蜜糖储罐质量不过关，也是灾难发生的原因之一。而这场事故的法律责任最后由美国工业乙醇公司承担，他们被判向受害者赔偿60多万美元的资金。这场爆炸造成21人死亡，150人受伤，损失超过1亿美元。后来波士顿市政府在爆炸的原址上建立了一个公园，以警示后人。

这场事故发生在100多年前，当时科技还不是很发达，所以对一些灾难的预防并不到位。现在社会人们越来越重视安全，所以人们应该注意好安全的防护，避免灾难的发生。

5.3.6 思考题

（1）这起事故发生的根本原因是什么？

（2）谁应该为这起事故负责任？普通的民众是无辜的吗？

（3）这件案例带给人们哪些思考和启示？

参考文献

[1] 波士顿糖罐爆炸案[J]. 环境, 1994(5): 34.

5.4 日本东海村核临界事故案例分析

内容提要：一场持续了83天的核辐射病人的抢救战，结果是让人心痛的，但为后人带来的反思以及对核辐射的认知却是意义重大的。本案例是一次因操作不当引起的核临界反应事故。案例的主人公大内久在受到了超过常人2万倍的辐射后，于83天后救治无效死亡。本次事故在工程操作方面的技术伦理、医学救死扶伤的责任伦理方面和核能对人类社会整个伦理范围的冲击都值得人深思。

关键词：核辐射；工程伦理；责任伦理；技术伦理

5.4.1 情节描述

1999年9月30日，日本东海村铀转换场的工人们陆续进行着工作。其中三名工人正在进行铀的纯化操作，这本是一个细致而缓慢的过程，然而其中两名工人为了缩短工作时间，就把一个不锈钢桶中富含铀-235的硝酸盐溶液通过一个漏斗直接倒入了沉淀槽中。这些溶液重达16 kg，里面富含的铀物质远远超过了铀的临界质量2.4 kg。所谓临界质量是指发生核裂变所需要的最低质量，一旦超过这个质量就会发生核裂变，这样的做法严重违反了安全操作的流程，瞬间三个人就看到了沉淀槽内发出了蓝色的光芒。伽马辐射报警器立即响了起来，临界事故已经发生，其中两名操作人员大内久和核筱原理人距离最近，分别为0.65 m和1 m。当时由大内久用右手拿着漏斗，核筱原理人从上面往下倒，所以他们都受到了核裂变产生的大剂量中子核伽马射线的严重辐射。最严重的是大内久，他所受到的辐射剂量达到了普通人年上限的2万倍。

　　事故发生以后，救护车立即把三个人送到了医院，事故点周围的辐射剂量瞬间飙到了正常值的四倍，为此不得不疏散厂区周围500 m距离内的居民，厂房周围十公里范围内的居民不得出门，学校和医院关闭，农作物和蔬菜停止收割。救护车开到了日本国立放射科研究院，由专攻辐射病治疗的前川医生对大内久进行治疗。在医生看到大内久的时候，发现他看上去很健康，只是皮肤变得黑了一点，右手有一些红肿，所以前川医生有信心或许可以救他一命。大内久也期盼自己可以尽快好起来，和家人团聚。

　　但是对大内久进行了全面的身体检查后，前川医生发现情况远比表面看上去严重得多，大剂量的放射线像一颗颗子弹穿透了大内久的身体，将细胞中的染色体打得四分五裂。染色体就像是人体的设计图，包含了一个人所有的遗传信息，染色体被破坏就意味着再也无法创造新的细胞。第一个产生的影响就是他体内的白细胞数量急剧地减少，只剩下不到正常人的1/10，这使得他自身的免疫力也变得很差，为了恢复他自身的免疫力，医生决定为大内久进行血细胞移植。在大内久配型成功的白细胞的帮助下，大内久逐渐好了一些。这个消息鼓舞了大内久的家人们和医生，但是他们不知道接踵而来的将是一个个令他痛苦的消息。

　　由于大内久体内的染色体被破坏了，导致他没有新的皮肤细胞产生，他的皮肤开始不断脱落，体液也开始不断地渗出，为了防止体液渗出，只能用胶带贴着，后来护士发现，原来贴在他身上的纱布每撕下一块，下面的皮肤也会随着一起掉了下来，到最后胶带都没有地方贴了。为了让体液不再流失，前川医生决定用最新的技术给他植皮，结果最后发现移植的皮肤组织根本无法附着到他的身体上。还有从大内久妹妹体内移植的血细胞也发生了染色体被破坏的变异。贯穿身体的放射线已经让大内久的整个身体都带有了放射性，正是这种放射性再度破坏了妹妹的染色体。大内久的肺部产生了严重的积水，为了保证呼吸顺畅，只能直接在气管里插管，并使用人工呼吸机。他的肠黏膜也开始大量脱落，并伴有严重的腹泻。腹泻三周后体内开始出血，医生不得不开始大量为他输血，有时候一天要输血十几次，为了要给全身输送血液，大内久的心脏要保持每分钟120次以上的跳动，相当于不停地在跑马拉松。还有在每次医生给大内久做身体处理的时候，因为没有皮肤的保护，他都要忍受着剧烈的疼痛，医生不得不给他使用大量的麻醉药物。

　　在治疗第59天，巡诊医生发现大内久的心脏突然停止了跳动，马上给他打强心剂和做心脏按压，在经过三次停跳再恢复后，大内久终于活了过来。然而这次事情发生以后，大内久的多个器官都受到了非常严重的影响，身体只能依靠着各种机器和大量药物来维持，其实就是一个活着的尸体。但是他没有办法表达自己的痛苦，甚至连安乐死的请求都说不出来。最后大内久的家属们商讨后决定，如果他的心脏再次停跳，就不再进行施救。

　　在治疗的第83天，大内久的家人在前川医生的带领下来到了隔离病房，见到了纱布下的大内久，此时的大内久已经面目全非，他的妻子和孩子痛苦地喊着他的名字，然而大内久毫无反应。当天晚上，大内久的心脏停止了跳动，他终于解脱了。而与大内久一同进入医院的核筱原理人，在坚持了210天后，于2000年死于多重器官衰竭。

2003年，JCO公司的铀转化活动完全停止，公司被罚款了100万日元，相应负责人都受到了刑事判处。此次事件在当时是日本最为严重的一场核事故。核辐射就像一个无形的杀手，他可以用最残忍的手段夺去一个人的生命，而作为此次事件的遇难者，大内久承受了整整83天的地狱般的痛苦，也许他最后已经不是一个病人，而是成了一个实验品。

5.4.2 原因分析

1.工程操作方面的技术伦理问题

（1）事故分析：这次临界事故在不应该发生，也不可能发生的核燃料加工设施内发生了。之所以这样说是因为轻水堆核燃料加工厂的核燃料中铀的浓缩度为5%，在这样的浓度下，达到临界反应是非常困难或者可以说是不可能的。因而在日本，这样的核燃料加工设施没有被列入核应急的对象范围之内。事故发生后，JCO承认内部存在擅自更改编制的操作规程的问题，但操作人员甚至连违法的操作规程也没有遵循，连续向沉淀槽内倒入大量（约16 kg）铀溶液，致使铀浓度高达19%以上。更令人震惊的是，操作人员竟然不知道什么是临界反应。

（2）解决方案：①添加对核燃料加工设施等的定期检查；②建立和形成对硬件设施和软件设施的监督的体制；③对管理人员和作业人员进行教育培训以及责任的明确划分；④完善安全法规。

2.医生救死扶伤的责任伦理方面的问题

（1）事故分析：对于同一个工程问题，我们可以用不同的方法做出分析。通过康德的尊重人的伦理学分析会增加道德辩护的力量，但如果通过功利主义伦理学会使我们对工程中的伦理问题感到更加扑朔迷离。从一个普通人的角度来看，对大内久的83天的治疗是不人道的，但对于医学的进步又是有很大价值的。

事后一位医师说："面对这样一具肉体，心里想的都是，我这么做有什么用呢？看着他靠机器而活，却又只能想让他活下去。我诚心地希望该患者（大内）在第一个月即脑死，至少不会承受这么多痛苦。" 也许是对人类来说，这是个难得的研究机会。此次事件的医疗团队并没有让大内安乐死，而是很努力地使用各种方法医治他。直到最后束手无策，所有急救的方式皆宣告失败。他的经历给医疗科研团队带来一个问题，辐射改变了大内久身体的每个细胞，本该最不受辐射影响的肌肉组织因为受到了大量辐射失去了纤维，然而只有一个器官保留了纤维组织，那就是心脏，唯独心脏幸免于放射性损害。但具体是因为辐射还是药物治疗，原因不得而知。

（2）解决方案：这个问题很难回答，人类在不断进取和探索大自然的过程中，带给医学领域的问题从来都是未曾有人涉足的，总有人要去探索，总有人要牺牲，也许就像大内久的妻子给前川医生的信中写道："也许我的想法悲观了些，只要核能未被人类完全控制，这样的事故还会发生吧。我无法相信人类。如果做核能相关工作的人们都无法保护自己，那就请医疗部门不负我先生付出的生命，救救那些不幸的牺牲者吧。"

5.4.3 结论和启示

关于核能方面的事故还发生了很多，最著名的有美国宾夕法尼亚州的三里岛核泄漏事故、苏联的切尔诺贝利核爆炸事故和日本的福岛核电站核泄漏事故。核能及其相关项目的迅猛发展像一把双刃剑，在造福人类的同时，稍有不慎，就会带来巨大的社会危害。

5.4.4 思考题

（1）人类现阶段对核能的开发和利用，究竟是利大于弊还是弊大于利呢？
（2）对大内久进行长达83天的医疗救治是否人道？

参考文献

[1] 刘华, 刘新华, 李冰. 日本JCO公司核临界事故的分析与评价[J]. 辐射防护, 2001(6): 330-337.

5.5　新日本氮肥公司水俣病事件的反思

内容提要：1956年的某一天，日本水俣市几名居民被发现患上了同一种怪病，患者步行困难，时常精神失常。直到1968年，累计超过4 000名患者以及数万家庭受到水俣病的影响。究其原因都与当地的新日本氮肥公司的排污有关，该公司没有回收生产中产生的有机汞。

关键词：新日本氮肥公司；水俣病；化工厂排污；汞中毒

5.5.1 引言

1959年，一种耸人听闻的怪病在日本熊本县水俣市爆发，起因是该区含汞污水排放长达12年以上，数千人因此患病。氮肥公司的非法排污和日本政府的无作为是这场事故的罪魁祸首。

5.5.2 相关背景介绍

1907年，日本氮素肥料株式会社成立，并逐渐成为日本化工行业的领军企业。1909年，该公司在水俣市开始了氮素肥料的生产。1950年，该公司更名为新日本氮肥公司（简称"氮肥公司"），在水俣市重新开始了氯乙烯（C_2H_3Cl）的生产。1952年，该公司首次实现了对于乙醛（CH_3CHO）至辛醇（$C_8H_{18}O$）的商业化生产，成为碳化物领域的龙头企业。这项技术遥遥领先于世界其他化工公司，极大地提升日本化工产业在世界化工产业的地位。这使得氮肥公司获取了大量的资本，并完成了公司的重建，也让日本政府格外重视该公司，给予了一系列保护政策。1955年，通产省为了促进日本石油化工业的发展，制定了石油化学育成计划，三菱、三井等企业在列，而新日本氮肥公司并未被纳入这一计划。面对着实力与日俱增的日本旧财团，氮肥公司感受到了生存的威胁，为引入新技术不断增产。

5.5.3　情节描述

1946年以来，一系列令人毛骨悚然的奇异事件在水俣市不断发生。原本水产资源极其丰富的水俣湾已经很难捕获到水产品，小镇上的猫也接二连三地以惨痛的样子死亡。到1956年，几名小镇上的居民被发现患上了一种怪病，他们的中枢神经系统遭到严重破坏。这就是日后震惊世界的水俣病，图5-7为水俣市工厂所在位置以及患者发生地分布。同年11月，来自熊本大学的调查组得出了"该病是由某种重金属导致的中毒，通过食物链进入人体"的结论。水俣保健院长伊藤莲雄进行了给猫喂食水俣湾鱼肉的实验，证实了水俣湾的鱼是有毒的。

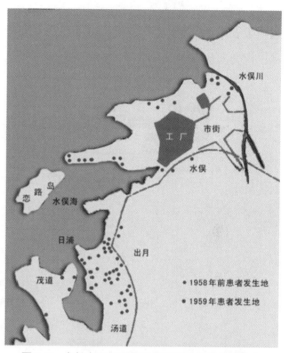

图5-7　水俣市工厂所在位置以及患者发生地分布

于是，熊本县政府向厚生省咨询解决措施。但为维护氮肥公司的利益，厚生省并未对此采取实质性的措施。直到1958年6月，厚生省才发表了"污染发生源是水俣工厂废水"的意见，但之后再未进行过细致的调查。面对外界的质疑，新日本氮肥公司不断否认工厂废弃物中含有有毒物质，并仍然向外排污。

1959年7月，研究者们在经过一段时间的调查后，提出了有机汞说。同一时间，细川一大夫在氮肥公司附属医院里用400只猫做实验，把化工厂排放出来的各种废品掺进猫粮喂给猫吃，这一实验最终明确了水俣病的病因。但是公司高层选择隐瞒结果，以忠于企业的理由向实验人员施压，禁止其再进行相关实验。与此同时，在通产省的授意下，不断有大学教授提出错误假说，维护企业利益，隐瞒事实真相。

1961年，胎儿性水俣病首例患者得到正式确认。同年12月，工厂的乙醛精馏塔中被检测出甲基汞。次年，调查组从乙醛工程的反应管检测出甲基氯汞。原来，氮肥公司为了节约成本，加速资本积累，放弃回收废水中的汞，而是在下一次生产中直接使用新汞。然而，面对着确凿的证据，通产省仍然维护氮肥公司。

1968年，熊本县政府终于做出了关停并调查氮肥公司的决定。厚生省也在同年明确了发生在熊本县各地的水俣病是由氮肥公司含有甲基汞化合物的污水导致的。从第一批水俣病患者被发现，到关停企业时已经过了12年，在此期间水俣病患者的数量多达4 000

人。1967年，熊本地方检察厅正式起诉氮肥公司元吉冈社长等相关人员业务上的罪行。

5.5.4 原因分析

1.水俣病原因分析

（1）直接原因：甲基汞中毒。工厂使用了硫酸汞作为生产乙醛的催化剂。在未经处理的情况下，这些催化剂随工业废水直接排入水俣湾中。汞元素被微生物、浮游生物、小型鱼类等摄入，最终被动物或人食用，然后在体内不断被积累，当达到一定剂量时，便会对大脑造成损害，如图5-8所示。

含甲基汞污水排出

图5-8 甲基汞随食物链进入人体

（2）根本原因：公司为追逐利益、肆意妄为。为了加速资本流动，保持市场竞争力，扩大产业规模，获取高额利润，氮肥公司开始拼命增产。生产过程中，公司无视安全性，放弃回收废水中的汞，转而再使用新的汞。面对外界的质疑，公司不断否认调查结果，继续排污。

（3）间接原因：日本政府的不作为，忠于企业的文化。日本政府缺乏在环保领域的法律法规，未能在事故发生时制定解决方案。厚生省在事件初期对可能产生的严重后果估计不足，没有及时提出处置意见。通产省未能平衡好经济发展和环境保护的关系，一味地维护企业利益，对事故后果重视度不够。日本长久以来忠于企业的文化思想，迫使受害者和普通群众无法在第一时间团结在一起抗议违法企业，这种文化才是日本化工事故不断发生的真正原因。

2.解决措施

1970年12月，日本政府制定了水污染防治法，限制了工业排放废水的有毒物质最高含量，以及可销售的鱼贝类含汞的最大允许量。1973年，法院裁定水俣病患者每人获得1 600万~1 800万日元的赔偿金额。次年1月，日本政府在水俣湾设立起了隔离网，将整个海湾与其他海域隔离。从1977年开始，日本政府花费近14年，并且投入近500亿日元用于修复清除水俣湾受过污染的淤泥。

5.5.5　结论和启示

1. 结论

发生在20世纪50年代的公害事故从病例被发现到关停企业总共持续12年之久，受影响的家庭不计其数。氮肥公司为追逐资本积累无视环境保护和公民健康，日本政府为眼前利益维护公害企业，二者为这起事故的后果付出了更为惨重的代价。在这个案件中，主要体现了两个伦理问题，一是工程的利益伦理问题，二是工程的责任伦理问题。在此事件中，氮肥公司高层完全追求公司利益而没有着重全局，忽视了社会责任，漠视了受害者的生命，损害了公众的利益；通产省和厚生省只顾眼前利益，忽视了潜在后果，最终付出了比及时关停企业造成的损失更为惨重的代价。在此事件中，氮肥公司高层因下达了不回收汞的决策，面对事实证据一再打压与否认，通产省只顾眼前利益，维护罪魁祸首，氮肥公司和通产省应该在这起事故中负主要责任；日本长久以来忠于企业的文化思想和企业员工相关利益的驱使，迫使受害者和普通群众无法在第一时间团结在一起抗议违法企业，这种"唯发展"论的社会氛围应负次要责任。

2. 启示

首先，政府要建立健全的法律法规体系，完善执法监管体制，建设事故监测和预警体系，完善事故应急处理方案。个别地区出于发展地方经济的考量，对于防范事故的发生缺乏足够的重视，各地区、各部门要针对各种可能发生的突发事件，制定合理的预警机制和紧急应对措施。

其次，企业是事故发生的主体，企业要遵守安全生产法，加强安全生产管理；树立正确的生产理念，以人为本；提高安全意识，坚持安全发展，建立健全生产安全事故隐患排查治理制度和突发事故的应急措施，及时发现并消除事故隐患；在生态环境保护与经济利益追求中实现最佳平衡，实现人类与自然的和谐发展。

最后，社会应鼓励公众积极参与，完善公众参与制度，保障公众知情权，增强公众对环保事件的关注力度；充分调动社会力量推动生态环境保护，预防和化解由环境问题引起的社会矛盾。

5.5.6　思考题

（1）在事故发生的年代，环保法律尚未健全，面对国内国外的竞争，氮肥公司的所作所为是否应该受到惩罚和指责？

（2）假如你是一名日本政府工作人员，了解到水俣湾氮肥厂的排污真相，但该厂却是国家化工领域的支柱，你应该怎么做？

（3）氮肥公司是水俣市的经济支柱，当地居民为维护自身利益，也或多或少地做出过一些阻碍调查的事。这些居民应该受罚吗？

参考文献

[1] 刘晓青. 日本水俣病, 不只是企业的责任[J]. 中国生态文明, 2021(6): 86.

[2] 王盛吉. 日本熊本县水俣病公害问题研究（1956年−1959年）[D]. 上海: 华东师范大学, 2017.

[3] 汞污染下水俣病梦魇60年[J]. 世界环境, 2016(4): 10−11.

[4] 浜尚亮. 环境污染公害之日本水俣病事件[J]. 人民公安, 2016(Suppl. 1): 74−78.

[5] 木本忠昭, 冯丹阳. 水俣病和日本的产业转换[J]. 世界环境, 2012(1): 54−57.

[6] 孙阳昭, 陈物, 刘俐媛, 等. 从水俣病事件透视日本汞污染防治管理的嬗变[J]. 环境保护, 2013, 41(9): 35−37.

5.6 纳米技术中的工程伦理问题分析

内容提要：本节结合当前纳米技术的概念和发展状况，对在工程中的实际应用以及应用过程中及未来发展可能出现的工程伦理问题进行阐述，提出了纳米材料具有对象过于微小，负面影响难于控制和防范，研究成果向市场开发的速度很快，其技术风险难以预测和控制，相应的伦理规约难以发挥作用等问题，并对相关工程伦理问题进行了探讨和反思，同时提出了相应的解决办法和思路，有利于工业发展中规避相关风险。

关键词：纳米材料；工程伦理问题；工程应用

5.6.1 引言

纳米（nanometer）一词来源于希腊语nanos（小矮人），$1 \text{ nm}=10^{-9} \text{ m}$。纳米技术是"在大约1~100 nm范围内理解和控制物质，并使其独特现象获得新奇应用"的技术（美国国家纳米技术计划的定义）。纳米材料是通过纳米技术制备的在三维空间中至少有一维处于纳米尺寸或由它们作为基本单元构成的材料，这大约相当于10~1 000个原子紧密排列在一起的尺度。利用纳米材料可以制备纳米感应器、纳米机器人等。目前，纳米技术的发展尚不成熟，因此在实际的工程生产中会产生一系列的问题。

5.6.2 纳米材料发展现状

当前阶段的纳米材料的发展现状具有以下几个特点：①目前纳米材料研究的内涵不断扩大，出现了纳米丝、纳米管、微孔和介孔材料；②纳米材料的研究范围不断拓宽，目前的纳米结构材料新加入了纳米组装体系，该体系除了包含纳米微粒组元，还有支撑它们的具有纳米尺度空间的基体；③在全球范围内，纳米材料及其相应产品在国际市场上所创造的经济效益迅速增长，对纳米功能材料的机制和理论研究得到发展和日益完善。

总之，纳米技术正成为各国科技界所关注的焦点，正如钱学森院士所预言的那样："纳米左右和纳米以下的结构将是下一阶段科技发展的重点，会是一次技术革命，从而将是21世纪的又一次产业革命。"

5.6.3　纳米材料的应用

目前，美国Nanomix公司研制成能以高精度检测周围空气和患者呼气中二氧化碳含量的纳米传感器。该装置不仅体积小，灵敏度高，而且测量准确度高，非常适用来诊断疾病，如给火灾中烧伤患者提供救护和在外科手术中进行监控。

此外，美国哥伦比亚大学科学家研制出一种由DNA分子构成的微型机器人，它们能够跟随DNA的运行轨迹自由地移动、转向和停止。纳米机器人可以用于医疗事业，以帮助人类识别并杀死癌细胞以达治疗癌症的目的，还可以帮助人们完成外科手术，清理动脉血管垃圾。

同时，美国劳伦斯伯克利国家实验室和加利福尼亚大学以奥尔吉兹•巴卡日恩博士为首的科学家研制出一种过滤元件，其中纳米管作为过滤元件的膜片而被使用。

5.6.4　纳米技术涉及的工程伦理问题及案例

目前纳米材料发展尚不成熟，因此，在应用中会产生一系列的问题，主要包括以下几个方面：

（1）纳米毒理学伦理问题。纳米粒子尺度极小，可能在生产和研制过程中进入人体，并很难通过新陈代谢排出体外，对人体健康产生危害，如果企业为了追求利益而忽视了纳米粒子对操作员工身体造成的损害，是违背工程伦理道德的。

（2）纳米机器人伦理问题。纳米机器人无孔不入，如果被用于军事，会出现传统军事无法对抗防范的状况，增大其军事上的破坏力。从军事伦理角度出发，要防止这种情况发生。

（3）纳米芯片的伦理问题。如果纳米芯片植入人体，可能使人变成美国技术哲学家哈拉维所说的半机械人"赛博格"，具有半人类特征。从社会伦理角度看，这可能带来严重问题。

可见，纳米技术中的工程伦理问题主要表现在以下几个方面：①技术对象过于微小，负面影响难于控制和防范；②研究成果向市场开发的速度很快，其技术风险难以预测和控制，相应的伦理规约难以发挥作用。

2006年3月31日，德国联邦风险评估研究所（Bundesinstitut für Risikobewertung，BfR）发出警告，反对使用含有纳米粒子的家用产品，这是首次召回基于纳米技术的产品。在不到两周的时间里，德国的地区中毒控制中心收到了大约80份报告，说有人咳嗽或发烧和头痛，还有几个人因为使用了"神奇纳米"表面封闭喷雾剂，导致肺水肿住院。包装和销售喷雾剂的清洁产品制造商 kleinmann gmbh 迅速撤销了含有同样推进剂的气雾剂配方，并警告不要再继续使用它们。

德国"神奇纳米"表面封闭喷雾剂中毒事件的原因就是该喷雾剂是纳米粒子，尺度极小，可能在生产和研制过程中进入人体，并很难通过新陈代谢排出体外，从而对人体健康产生危害，导致中毒现象的发生。

5.6.5 结论和启示

当前阶段的纳米技术发展仍处于起步阶段，对于纳米技术的负面影响缺乏调研和了解，故难以控制和防范，因此，未来对于纳米材料的研究需考虑纳米粒子的毒理效应和环境风险，并由政府制定相应的政策来规范纳米技术的开发，同时，需对纳米材料将来可能造成的危害和风险进行正确评估和预防。

5.6.6 思考题

（1）纳米材料目前主要的负面影响包括哪几个方面？

（2）如何预防纳米材料对人体的伤害？

（3）未来关于纳米材料的研究与开发应该注意什么？

参考文献

[1] PALMBERG C, DERNIS H, MIGUET C, et al. 基于相关指标及统计数据的述评(Ⅰ)[J]. 科技导报, 2011, 29(22): 15-24.

[2] PALMBERG C, DERNIS H, MIGUET C. 纳米技术: 基于相关指标及统计数据的述评(Ⅱ)[J].科技导报, 2011, 29(23): 15-22.

5.7　石油工业史上的"9·11"——墨西哥湾漏油事件

内容提要：2010年4月20日，英国石油公司在美国墨西哥湾租用的钻井平台"深水地平线"发生爆炸，钻井平台爆炸造成的原油泄露事件发生后，每天大约有2万至4万桶原油泄漏到墨西哥湾。一家石油公司，11个死难者的家属，数以万计奔赴前线的志愿者，以及无法统计数量的死鸟和死鱼，组成墨西哥湾地区历史上最黑暗的87天。

关键词：墨西哥湾漏油；英国石油公司；深海石油钻采；安全管理

5.7.1 引言

2010年4月20日22：00（美国中部时间），位于墨西哥湾的"深水地平线"钻井平台发生爆炸并引发大火，大约36 h后沉入墨西哥湾。平台共有工作人员126人，事故造成11人死亡，17人重伤。钻井平台底部油井自2010年4月24日起漏油不止，漏油扩散区域覆盖了墨西哥湾长达1 500 km的海岸线。从事件伊始到真正封堵成功，前后共87天，泄露了7×10^4 m³石油，5×10^4 t气态烃类，400万桶原油只收回了81万桶，仍有约319万桶原油泄露至墨西哥湾，至少2 500 km²的海水被石油覆盖。这是一场史无前例的经济和环境惨剧，是美国历史上"最严重的一次"漏油事故。

5.7.2 相关背景介绍

墨西哥湾位于北美洲东南部边缘，因濒临墨西哥而得名。墨西哥湾东西向和南北向的最远距离分别为1 800 km和1 300 km，总面积约为1.55×10^6 km²。

漏油地点位于墨西哥湾密西西比河峡谷252区块Macondo探区，英国石油公司（British Petroleum，BP）拥有该区块的租赁权并担任作业者，租期自2008年6月1日起，时间长达10年。2009年10月6日，Transocean公司的半潜式钻井平台"马里亚纳"完成Macondo井的初次钻井作业。随后受飓风"艾达"的影响，"马里亚纳"断锚、漂移，需要坞修。坞修后，平台合同到期。2010年2月6日，由"深水地平线"钻井平台继续为Macondo探区提供钻井服务，Macondo井是一口勘探井，一旦发现有经济价值的油气资源，探井将转为生产井。原方案设计钻井深度约为5 989.3 m，而实际钻井总深约为5 596.1 m。

5.7.3 情节描述

1.漏油事故过程

（1）平台爆炸：2010年4月20日夜间，位于墨西哥湾的"深水地平线"钻井平台发生爆炸并引发大火，大约36 h后造价约3.5亿美元的钻井平台沉入墨西哥湾，11名工作人员死亡。

（2）开始泄露："深水地平线"钻井平台爆炸沉没两天后，海下受损油井开始漏油，漏油量为每天1 000桶左右。

（3）形势恶化：钻井平台底部油井自2010年4月24日起漏油不止，事发半个月后，各种补救措施仍未有明显效果，沉没后的钻井平台每天漏油达到5 000桶，并且海上浮油面积在2010年4月30日统计的9 900 km²基础上进一步扩张。

（4）漏油处理：英国石油公司先尝试用水下机器人启动止漏闸门，未能成功。29日开始打减压井，以遏制原油泄漏。

（5）恶化升级：2010年6月23日，原本用来控制漏油点的水下装置因发生故障而被拆下修理，滚滚原油在被压制了数周后，重新喷涌而出，向人类和海洋生物袭来，每天原油的泄露量达2万桶。

（6）封堵成功：2010年7月10日，BP公司卸除了失效的控漏装置，换上了新的控油罩。7月15日，BP公司宣布新的控油装置已成功罩住水下漏油点，而距离事故发生已经过去接近3个月时间。

2.漏油事件影响

漏油井虽然永久封闭了，但是漏油事故对生态的影响却是一场持续的灾难，对生态环境、沿岸居民产生了不可估量的损失。87天内共泄露了7×10^4 m³石油，5×10^4 t气态烃类。400万桶原油只收回了81万桶，仍有约319万桶原油泄露至墨西哥湾，至少2 500 km²的海水被石油覆盖。墨西哥湾沿岸40%的湿地和海滩被毁，渔业受损，漏油产生的毒物在食物链上积聚，进而改变食物链网，一些海洋物种灭绝，漏油也使许多土壤受侵蚀，植被退化，脆弱的物种灭绝。墨西哥湾沿岸的生态环境恢复则需要数年，彻底清理油污可能需要5年，漏油事件对环境造成的危害可能会持续数十年。

5.7.4 原因分析

1.美国过早开放深海石油开采

美国石油开采政策存在问题，虽然钻探和开采技术有了长足发展，但是在相应的如防漏等灾难应对技术，尤其是在应对深海作业事故的技术相对滞后的情况下，不应该过早开放深海开采。

2.英国忙赶工期酿成大祸

英国石油公司在墨西哥湾的钻探工作于2009年10月正式开始，在钻到4 000 m深度时，深海中预料之外的强大压力导致大量的钻井液流失，导致成本迅速增加。钻井液是一种水和黏土颗粒的混合物，能在钻井内形成向下的压力，防止储油层中的石油和天然气倒涌向输油管。由于墨西哥湾上的飓风影响，钻探工作一度中断，到2010年1月才重启。2月份，钻井再遇4 000 m问题区域，令钻探进度一再推迟，直到4月中旬才达到目标深度。在油气钻探和开采领域，每天的钻井运作成本逾百万美元，英国石油公司为了节省成本拼命赶工，为事故埋下祸根。

3.越洋钻探公司未重视设备安全

在4月16日停止钻井后的4天，施工方对钻探仪器进行了各种安全测试，并发现了漏油的迹象，迫于工程进度这一情况没有得到及时关注。到20日，钻孔内持续增加的压力已经令施工方疲于应付，而本来配套防井喷设备也失灵，最终酿成大祸。

5.7.5 结论和启示

墨西哥湾漏油事件不单单是一起重大安全责任事故，从工程伦理的角度分析，还涉及以下几个方面：

（1）技术伦理的角度：固井候凝之后，在替海水过程中，套管外液柱压力降低，是发生井喷的一个直接原因。套管环上部液柱压力降低，发生了溢流，现场工作人员失职有两方面：①未及时发现溢流；②发现溢流后采取措施不当，这是导致井喷失控爆炸着火的直接原因。

（2）责任伦理的角度：未及时发现溢流，是发生井喷失控的一个管理原因。录井人员责任心不强，麻痹大意，管理人员缺岗是造成事故的另一个管理原因。

这次事故的发生，让人们必须认真思考整个事件的影响，工程本身带有风险，但风险是可以预估和避免的。其实一定程度上保安全就是保生产，作为工程的任何一方都应该始终牢记安全为天、警钟长鸣，永不放松。其实，从漏油事件来看，任何工程问题都必须有安全预案，并配有完备的监督、检查机构。

5.7.6 思考题

（1）工程师在项目中是否应有更大的话语权？
（2）环境利益和商业利益如何取舍？
（3）经济发展与环境工程师的社会责任是什么？

参考文献

[1] 孟伟.石油工业史上的911——墨西哥湾漏油事件[J]. 石油知识, 2020(3): 30-33.
[2] 陈国庆.《深海浩劫》: 警钟为谁而鸣[N]. 中国保险报, 2017-06-30(5).

5.8 特斯拉被指"刹车失灵"事件案例分析

内容提要：2021年以来，疑似特斯拉"刹车失灵"导致的事故被曝出多起。智能汽车的安全隐忧散落在多个领域，相关的产品质量检测和外部监管仍存在空白。一场特斯拉车展维权行动掀开了智能汽车安全隐患大幕的一角。

关键词：刹车失灵；自动驾驶；智能汽车；安全隐患。

5.8.1 引言

2021年4月19日，上海车展上一位身穿印有"刹车失灵"T恤衫的车主站上特斯拉车顶维权。19日下午，特斯拉中国副总裁陶琳回应车展维权事件：特斯拉没有办法妥协。20日早间，上海市公安局青浦分局官方微博发布通报称："特斯拉车展遭遇车主维权"事件涉事女子张某因扰乱公共秩序被处以行政拘留五日，李某因扰乱公共秩序被处以行政警告。25日上午，张某行政拘留期满，被解除拘留。

2021年4月20日，郑州市监局回应"车顶维权"：特斯拉拒绝提供行车数据。4月20日晚，特斯拉公司在其官方微博向客户致歉，并表示已成立专门处理小组，尽全力满足车主诉求。4月21日，市场监管总局责成河南省、上海市等地市场监督管理部门依法维护消费者合法权益。

2021年4月22日，特斯拉向《中国市场监管报》记者提供了车辆发生事故前一分钟的数据，并写出一份文字说明。4月26日，特斯拉再次道歉，称会全力解决好现存问题。5月6日，张女士向安阳市北关区人民法院递交民事起诉状，要求依法追究相关人员的法律责任。

5.8.2 相关背景介绍

2021年3月9日，一位车主坐在特斯拉车顶维权的视频曾引发关注。

据报道，当事车主张女士介绍，2月21日，其父亲开着一辆特斯拉车载着四人从外边回家。经过一个红绿灯路口，准备减速时，突然发现刹车失灵，导致连撞两车，最后撞击到道路边的水泥防护栏才停下。

张女士表示，她的父母都在该次事故中受伤，母亲全身多处软组织受伤，父亲头部轻微脑震荡。事后，她因内心恐惧找到特斯拉官方，要求将车辆退回。但因为特斯拉方面多次推诿甩锅，不予正面回应，所以她才采取这样一种方式维权。

3月10日，"特斯拉客户支持"微博针对此次维权事件称，交警方面出具的事故责任认定书显示：张先生（车主父亲）违反了相关法律关于安全驾驶和与前车保持安全距离的规定，对事故应承担全部责任。

经过对车辆数据和现场照片的查看与分析，特斯拉发现车辆在踩下制动踏板前的车速为118 km/h，制动期间防抱死刹车系统（Antilock Brake System，ABS）正常工作，前撞预警及自动紧急制动功能启动并发挥了作用，未见车辆制动系统异常。

5.8.3　情节描述

1.事情经过

2021年4月19日，2021上海国际车展在国家会展中心开幕。张某（女，32岁）和李某（女，31岁）因与特斯拉有消费纠纷，于当日到车展现场表达不满。其间，两人在该展台区域通过肆意吵闹等方式，一度引发现场秩序混乱。11时许，在特斯拉展台上，身穿白色T恤的张某拔掉现场的装饰伞，并站到车顶多次大喊"特斯拉刹车失灵"，其衣服印有红色"刹车失灵"字样和特斯拉标志。该女子的举动引发多人围观和拍摄，随后两名现场安保人员将其带离现场，现场拉起了警戒线。

2.事件处理回应

2021年4月19日，特斯拉公司副总裁陶琳认为维权车主诉求不合理，"不可能妥协"。

随着舆论不断发酵，特斯拉的态度从强硬到道歉，从周一的"不会妥协"到周二的"道歉与自我检讨"，到了周三晚上，特斯拉表示"正在配合监管部门的调查"。

4月22日下午，特斯拉提供了车辆发生事故前一分钟的数据，并简要公布了事故前30 min的车辆驾驶状况。特斯拉还称，详细数据已用邮件的方式发给车主。

特斯拉方面给出的文字说明及数据显示，驾驶员最后一次踩下制动踏板时，车辆时速为118.5 km/h。驾驶员开始踩下制动踏板力度较轻，之后，自动紧急制动功能启动并发挥了作用，提升了制动力并减轻了碰撞的冲击力。系统检测，发生碰撞前，车速降低至48.5 km/h。因此，特斯拉认为制动系统均正常介入工作并降低了车速。

关于事故发生前30 min车辆的状况，特斯拉方面称：在车辆发生事故前的30 min内，驾驶员正常驾驶车辆，有超过40次踩下制动踏板的记录，同时车辆有多次超过100 km/h和多次刹停的情况发生。

在公布数据后，当日晚间，特斯拉又发表声明称，将毫无保留地配合监管部门开展深入调查，开诚布公接受社会监督。

维权女车主丈夫则回应称，特斯拉侵犯个人隐私权，要求撤销数据。双方的角逐进行了新一轮，舆论也一改之前几乎一边倒指责特斯拉的立场。

目前看，特斯拉公布的数据和声明至少指出了三个问题。

（1）事故车辆在发生碰撞前处于超过限速的行驶状态（车速118.5 km/h，国道限速80 km/h）。

（2）车辆在事故前30 min，有过多次"刹停"状态。这某种程度上能说明，事故前刹车制动系统运转正常。

（3）发生碰撞之前，驾驶员最后一脚刹车力度不够，最后靠紧急制动系统，才让车紧急降速。

所以，在没有第三方检测机构公布权威鉴定报告之前，特斯拉这份单方数据说明，侧面是为自己做了一份"脱责声明"。但事实并没有那么简单。围绕着这份数据，这起"维权风波"及此前曝出的特斯拉"刹车失灵"事故，还有诸多疑问。

（1）驾驶员最后一脚刹车，真的"力度较轻"吗？

据介绍，特斯拉采用的是博世电动汽车刹车系统，由于电动汽车没有发动机无法直接提供真空环境，所以安装一个真空泵和一个真空储气罐。其记录的数据就是制动主缸的压力数据。

根据特斯拉的描述，驾驶员最后踩制动踏板的力度，使制动主缸压力达到了92.7 bar，紧接着前撞预警及自动紧急制动功能启动（最大制动主缸压力达到了140.7 bar）并发挥了作用，这才减轻了碰撞的幅度。换句话说，特斯拉的数据至少显示，驾驶员在碰撞前踩刹车"力度不够"。

但这难免让人产生疑问：正常人面对即将发生碰撞的情形下，不会将刹车踩到底吗？

事故车辆特斯拉Model 3属于纯电动车，共有两个脚踏板，一个是电门、一个是刹车。根据维权女车主描述的情形，"当时我父亲把脚从电门抬了起来，也踩刹车了，但是车没有降速。父亲具有30年驾龄，他确定自己踩了刹车"。

不仅如此，据车主事后描述，"家父当时曾连续猛踩刹车，但踏板僵硬且制动不明显。"

一方说"力度较轻"，一方说"猛踩刹车"，数据与真实的情景，显然出入很大。

（2）踩刹车时间长达2.7 s，为何制动力度还不够？驾驶系统确定没问题？

特斯拉数据显示，在驾驶员踩下制动踏板后的2.7 s内，最大制动主缸压力仅为45.9 bar。如果在紧急情况下踩刹车，长达2.7 s的时间内还未达到最大刹车力度，似乎不太正常，而这点是否与"踏板僵硬"有关？

值得注意的是，"刹车"功能要么是有，要么就是没有，不存在"刹车功能"减弱的情况。

有网友怀疑，踩下刹车后可能触发了主动安全系统，系统辅助刹车。辅助系统一旦启动，刹车踏板便难以踩下去。这时主动辅助刹车系统很难判断与前车距离远近与刹车力度之间的关系，才导致了所谓的"刹车失灵"。这点目前还只是推测，从特斯拉给出的数据，还无法看出是否触发了辅助刹车系统。

也有特斯拉车主表示，在刹车助力减弱的情况下，是无法进入到自动驾驶状态的。这点又否定了触发主动辅助刹车系统的可能性。当然现在仍是众说纷纭，莫衷一是。

但无论是否触发了辅助刹车系统，各方的问题都指向了一点，那就是：这起事故在发生碰撞前，驾驶控制系统方面是否出现了问题，是否因为软件上驾驶系统突发问题导致了制动能力减弱或出现"踏板僵硬"的情况？

（3）事故发生前，真的超速了吗？

按照特斯拉出具的数据，事故前车辆行驶时速高达118.5 km，但资料显示，事发路段为341国道，限速80 km/h。

对于车主超速一事，在事发后特斯拉披露相关超速数据时，涉事车主便表示了质疑。车主表示，安阳市交管支队出具的《道路交通事故认定书》认定，车主方没有保持安全距离，导致追尾负事故全责，但事故认定书里交警未认定车速超速。

事发时间是18时许，为车流量高峰期。车主方面称，当时的车速大概为50~60 km/h。车主所述时速，与特斯拉后台数据所记录的时速相差甚大。

因此，对于车辆当时是否超速，这点仍需进一步调查证实。

（4）谁能做第三方鉴定机构？

在这起事件中，由第三方权威检测鉴定机构介入，成了"众望所归"。

在三月份事故发生后，车主方曾拒绝进行第三方机构的检测，给出的理由是怕落入特斯拉和第三方机构联合设计的"陷阱"。

车展维权风波后，特斯拉又恳请郑州市市监局指定权威、有资质的第三方检测鉴定机构，开展检测鉴定工作。但郑州市监局回应，他们无权指定第三方检测机构，可由车主和特斯拉协商进行。一方面是因为国内的第三方车辆检测机构多为燃油车鉴定机构，对于电动汽车的鉴定，在技术迭代与更新上，有可能滞后。另一方面是特斯拉作为电动汽车行业的先驱，有很多专有的技术专利，很难寻找能够在资质和技术上匹配的第三方权威机构。

在如今舆论聚焦之下，第三方鉴定机构需要及时出面，作为公正的"评理人"，给车主、特斯拉方和公众在事实层面上做出澄清。

自上海车展"维权风波"以来，特斯拉被指"刹车失灵"事件可谓一波三折。这期间，在舆论压力之下，特斯拉此前"绝不妥协"的态度，发生了180°转变，开始公开致歉，主动配合调查并公开数据。

5.8.4 伦理分析

特斯拉被指"刹车失灵"的报道曾铺天盖地，真相仍藏在水面之下，但不论如何，软件定义汽车时代，汽车产品极大程度上提升驾驶乐趣的同时，确实也有更多安全隐患。

1.不可忽视的"无厘头"安全隐患

"越来越复杂的电子电气架构和算法逻辑被引入汽车，传统机械结构下确定的因果关系被改变，汽车的决策机制逐渐由软件、算法主导。"一些在最初设计的时候没有预料到的情况，如天气、地面附着力稍微有些变化，可能都会对软件算法有预想不到的干涉。软件故障毫无规律可言，仿佛回到了早些年电脑会时不时"蓝屏警告"的时代，且即便是现在，手机、电脑也偶尔会有因"程序无响应"被迫关闭的场景。于汽车而言，软硬件的适配更为复杂，决策和算法堪比人脑神经网络，这样的"无厘头"故障既可怕又往往无从应对。

更为危险的是，目前的自动驾驶功能还不成熟，消费者对于如何使用智能驾驶，会受到哪些限制，往往并不能正确理解，若厂家在宣传时不恰当，可能会让消费者对汽车功能产生误解。这样的误解，代价很可能就是生命。

2.有迹可循却无计可施的电磁兼容

软件定义汽车时代，汽车某些功能的瞬间失效充满了不确定性，但真正溯本逐源，又往往有迹可循。然而即便知其所以然，当下可能也无计可施。

人类仅靠视觉就能行动自如，但车辆只依赖摄像头，能不能达到人眼的效能，获取的信息是否足够支撑判断还有待考察。

一名海外的大学生团队在一项测试中发现，投影到道路上的人形图像可导致特斯拉Model X减速。而在地面投射假车道标记会使Model X暂时忽略道路的物理车道线；另一个研究团队近日发现，在一段广告视频中插入不到一秒的禁止通行的交通标志，也可以让特斯拉AutoPilot捕捉到，并做出刹车的决策。不难看出，通过摄像头完成的二维图像识别，很大程度上导致特斯拉自动驾驶系统做出错误判断。

此外，不少智能汽车功能的瞬间失效，回溯原因，往往由电磁干扰造成。

例如，一台具备高性能ABS系统的中高档汽车，在雨刮器工作、车辆达到某一运行速度时，ABS系统会同然失效。原因就是雨刮器驱动电机是感性负载，在切断电源时会产生反向电流并通过电源线传输到供电系统中，从而在电源系统中产生干扰脉冲，使一些电子部件不能正常工作，甚至损坏。这是最为常见的汽车内部电子元器件之间的干扰。ABS灯亮、气压泵指示灯亮、码表不工作、雨刮器自动工作、大灯自动亮等故障，都可能来自电磁干扰。

随着汽车的智能化、网联化水平越来越高，汽车内的传感器和电子设备越来越丰富，如何有效地防止元器件之间的电磁干扰，成为所有车企的一项新痛点。同时，智能网联时代，车与外界的交互也变得极其频繁，汽车对外界电磁环境的抗干扰能力也变得尤为重要。

当电动车在野外途经雷达站或者短驳站时，会突然熄火不能运行，通过该区域之后车辆又能正常行驶，这就是典型的外界电磁干扰。

电磁干扰的原理并不复杂，但智能电动汽车的出现，使得汽车做好各项元器件的电磁兼容难度呈几何倍提升，唯有通过大量的试验和检测，才能在无数数据的支撑下，不断降低故障率，将安全隐患降到最低。

3.来自黑客的潜在致命攻击

智能汽车作为行走的电脑，除了本身的各种"蓝屏"故障外，也难逃另一属性的风险——黑客。一旦智能汽车的网络安防不足，被黑客攻击、远程操控，后果将不堪设想。

2016年，腾讯安全科恩实验室以远程无物理接触的方式成功控制特斯拉汽车，破解成功后可以将特斯拉的中控大屏和液晶仪表盘更换为实验室标识；此后，该团队再度破解特斯拉Model X系统，远程控制刹车、车门和后备箱，操纵车灯以及天窗。该研究团队通过Wi-Fi与蜂窝连接两种情况下均实现了对车载系统的破解，通过汽车的网络浏览器来触发计算机漏洞，发送恶意软件，实现黑客攻击。

从攻击对象来讲，在2020年之前，服务器、无钥匙进入、移动APP等等都是核心的攻击点，随着无人驾驶和智能驾驶的推进，在驾驶领域的潜在风险会急剧增加。种种安全隐患下，可以断言当前所有的智能电动汽车都是半成熟品。但人类对智能驾驶体验的需求，又不可能使得产品绝对成熟后再投放市场。

为此，在特斯拉开空中下载技术（Over-the-Ain Technology，OTA）先河后，OTA已经成为几乎所有车企处理智能汽车半成熟功能的解决方案。即通过硬件预埋，主机厂可以在数据收集、软件算法编写还未完成时，就抢先推出车型，后续再通过OTA进行升级。

从商业模式来看，通过软硬件分离，可实现硬件生命周期的最大化，并为后期的付费软件包、功能付费解锁等创造更大利润空间。但车企把相对不完善的产品先推到车上，再通过OTA升级打补丁，本身必然存在安全隐患。

此前，已有OTA升级系统故障导致大量汽车"趴窝"的案例。不过由于升级过程中汽车始终处于静止状态，本身并不会带来太大风险。但这并不意味OTA就是安全的，而且还将带来整车企业该对哪一个版本汽车负责的伦理问题。

4.检测难题导致权责归属难辨

目前电动车事故的第三方检测，大部分只能对物理层面的事故做鉴定，很多软件都是加密的，拿不到数据。

市场上大部分机构缺乏对于智能汽车的检测能力。在特斯拉车展维权事件上，车主和特斯拉在事发两个多月后仍然对事故原因各执一词，至今没有第三方鉴定机构做出有可靠证据支撑的结论，也是智能汽车检测难题的一个缩影。中国质量认证中心是被郑州市郑东新区市场监督管理局建议的检测机构，但尚不具备对有自动驾驶功能的事故车辆进行检查鉴定的能力。

智能汽车的车辆动态控制系统，绝大多数车企除对本车企内部体系（含4S店）有限开放外，对外全部设置了防火墙进行封堵。但检测机构并非无计可施，可以用最前端的传感器来采集其即时的动态与静态原始数据，通过专业技术人员与检测系统分析车辆问题。但如果车企能把这些本该属于车主的数据真实、全面地告知车主，再转达给检测机构，这将是最好最快地解决问题的办法。

针对当前的监管困境，为了降低智能网联汽车的安全风险，一方面行业应积极进行国际交流，吸收各主要汽车国家已积累的宝贵经验，另一面政府应积极推动企业和第三方中立检测机构共同合作，明确智能网联汽车相关安全测试验证的测试规范，量化测试评价指标，有效指导企业进行智能网联汽车的研发和生产。

5.8.5 结论和启示

至今没有证据表明特斯拉存在安全隐患。由于中国的多起事故尚未形成结论，目前可做参考的是美国国家公路交通安全管理局（National Highway Traffic Safety

Administration，NHTSA）在2020年开展的一项调查。

该机构未发现特斯拉车型存在安全问题，246桩意外加速事故均由踏板使用不当造成，"没有证据表明，油门踏板总成，电动机控制系统或制动系统，存在任何导致了上述事件的故障""没有证据表明，设计因素会增加踏板误用的可能性"。

特斯拉发布的2021年一季度安全报告显示，在Autopilot自动辅助驾驶参与的驾驶活动中，平均每674万km行驶里程报告一起交通事故。而NHTSA的最新数据显示，美国平均每78万km行驶里程即发生一起碰撞事故。674万km对78万km，这就是首席执行官（Chief Executive Officer，CEO）埃隆·马斯克口中的自动辅助驾驶事故率只有1/10。

但公众的担忧非常深刻和广泛。对于企业来说，如何打消忧虑，是超越技术层面的更加复杂的议题。

车展维权事件尚未有定论，但结论无非两种：一是特斯拉质量问题真实存在，接下来就是赔偿以及召回；二是特斯拉没有实质安全问题，更多是一起口碑风暴，但其中反映出的服务问题以及潜在的安全隐患，也值得深思。

5.8.6　思考题

（1）是否应该大力发展自动驾驶技术？
（2）因自动驾驶技术导致的交通事故，谁该为消费者买单？

参考文献

[1] 张溪瑨. 商用自动驾驶技术监管问题及对策——以特斯拉为例[J]. 中国科技论坛, 2022, 313(5): 167−177.

[2] 颜超.自动驾驶汽车技术发展中的安全威胁及策略研究[J]. 信息网络安全, 2021, (Suppl. 1): 38−41.

[3] 刘洋, 刘晓梦. 刹车失灵闹"T"台特斯拉质量让路销量？[N]. 北京商报, 2021−04−20(3).

5.9　印度博帕尔毒气泄漏案

内容提要： 1984年12月3日凌晨，位于印度中央邦博帕尔市（Bhopal）贫民区附近的博帕尔农药厂的剧毒物资泄漏，酿成历史上最严重的工业化学事故。本节针对在毒气泄漏案中涉及的伦理和技术原因进行分析，并得出一些启发，最后对案例中一些方面提问作答。

关键词： 博帕尔；异氰酸甲酯（MIC）；人为环境灾害

5.9.1 引言

印度博帕尔灾难是历史上最严重的工业化学事故，影响巨大。1984年12月3日凌晨，印度中央邦首府博帕尔市的美国联合碳化物属下的联合碳化物（印度）有限公司设于贫民区附近一所农药厂发生氰化物泄漏，引发了严重的后果。事故造成了2.5万人直接死亡，55万人间接死亡，另外有20多万人永久残疾的人间惨剧。现在当地居民的患癌率及儿童夭折率，仍然因这场灾难而远高于其他印度城市。

5.9.2 背景信息

20世纪60年代，为了解决国内的粮食问题，印度开始大力推行农业技术生产，提倡使用化肥和农药，化工产业成为政府招商引资的热门项目。

1969年，美国联合碳化物公司与印度政府签订协议，在博帕尔北郊投资建厂，生产杀虫剂。这场合作本是典型的双赢：一方面，印度可以提高粮食产量；另一方面，美国联合碳化物公司也可以开拓印度市场，降低生产成本。

20世纪70年代后期，随着农药厂的扩张及市场的饱和，博帕尔农药厂的收益日渐下滑，面临停产危机。1980年以后，农药厂开始自行生产杀虫剂的化学原料——异氰酸甲酯（MIC）。异氰酸甲酯，是一种无色有刺鼻臭味、催泪瓦斯味的液体，常作为有机合成原料，用作农药西维因的中间体。异氰酸甲酯为易燃、剧毒性液体，具有易燃、易爆性（受热容器易起剧烈反应）、禁水性与毒性（本身剧毒且会产生剧毒的氢氰酸气体及其他刺激性及毒性气体）。它们通常被冷却成液态后，贮存在3个不锈钢制的双层储气罐中，达45 t之多。为了避免储气罐内温度在夏季烈日暴晒下升高，罐体大部分应被掩埋在地表以下，罐壁间装有制冷系统，以确保罐内毒气处于液化状态；万一罐壁破裂，毒气外逸，净化器也可中和毒气；假如净化器失灵，自动点火装置可将毒气在燃烧塔上化为无毒气体。因为即使是极少量的异氰酸酯在空气中停留，人们也会很快觉得眼睛疼痛，浓度稍大，便要窒息。第二次世界大战期间，德国法西斯曾用这种毒气杀害大批关在集中营的犹太人[1]。

5.9.3 情节描述

1984年12月2日晚，博帕尔农药厂工人发现异氰酸甲酯的储槽压力上升，12月3日凌晨0时56分，液态异氰酸甲酯以气态从出现漏缝的保安阀中溢出，并迅速向四周扩散。

毒气不断向外扩散，毗邻工厂的两个小镇——贾培卡和霍拉的居民最先遇难，数百人在睡梦中死去。混乱，从最开始就是灾难的一部分。那时，普瑞任博帕尔警察局局长，他回忆说："1947年印度分治惨案发生的时候，我并不在场。但是，我听说了那个故事：人们只是惊惶地四处逃命。我在博帕尔看到的这一幕着实可以和那时候的那种惊慌混乱相比了。"当毒雾的消息传开以后，惊慌的人们四处逃命，千百人或乘车或步行或骑脚踏车飞速逃离了他们的家园。整个城市的情况就像科学幻想小说中的梦魇，许多人被毒气弄瞎了眼睛（见图5-9），只能摸索前行，一路上跌跌撞撞。很多人还没能走出已受污染的空气，便横尸路旁。

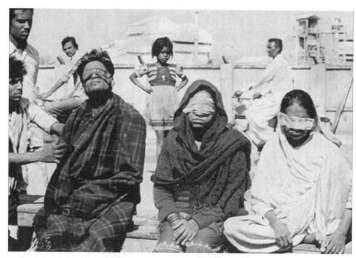

图5-9 遭受毒气污染的人们

多年后，有人这样写道："每当回想起博帕尔时，我就禁不住要记起这样的画面：每分钟都有中毒者死去，他们的尸体被一个压一个地堆砌在一起，然后放到卡车上，运往火葬场和墓地；他们的坟墓成排堆列；尸体在落日的余晖中被火化；鸡、犬、牛、羊也无一幸免，尸体横七竖八地倒在没有人烟的街道上；街上的房门都没上锁，却不知主人何时才能回来；存活下的人已惊吓得目瞪口呆，甚至无法表达心中的苦痛；空气中弥漫着一种恐惧的气氛和死尸的恶臭。这是我对灾难头几天的印象，至今仍不能磨灭。"

根据印度政府公布的数字，在毒气泄漏后的头3天，当地有3 500人死亡。不过，印度医学研究委员会的独立数据显示，死亡人数在前3天其实已经达到8 000~10 000之间，此后多年里又有2.5万人因为毒气引发的后遗症死亡，还有10万当时生活在爆炸工厂附近的居民患病，3万人生活在饮用水被毒气污染的地区。博帕尔毒气泄漏事件迄今陆续致使超过55万人死于和化学中毒有关的肺癌、肾衰竭和肝病等疾病，20多万博帕尔居民永久残疾，当地居民的患癌率及儿童夭折率也因为这次灾难远比印度其他城市高。

印度中央调查局在灾难发生后曾对12名相关人士提出指控，包括美国联合碳化物（印度）有限公司时任首席执行官沃伦·安德森和公司的8名印度籍高管以及公司本身和旗下的两家小公司。

25年后，8名涉案人员因"玩忽职守"获罪。印度中央邦博帕尔市法院负责本案的首席法官莫汉·蒂瓦里说："8人均有罪。"

由于一名遭到起诉的印度高管已经死亡，这家法院以玩忽职守致他人死亡判决余下7名印度籍高管有罪，但没有立即宣布量刑。这7名被告包括当时的印方主席克沙布·马欣德拉，很多人已经是70多岁，按照这项罪名，他们最多将被判处两年监禁。

作为本案的主要负责人，公司的美国老板安德森没有出庭受审。灾难发生后，安德森曾在印度遭警方拘捕，但很快就离开印度回国，之后就再也没有在印度法院的审理程序中露面。

美国联合碳化物公司在1989年向印度政府支付了4.7亿美元的赔偿金。这些钱却被印度事故基金会借故截留，大部分钱根本没有分到受害者及其家属手中，只有少部分因为毒气泄漏失去工作能力或者患上慢性病的受害者获得了1 000~2 000美元不等的赔偿。

1999年，美国联合碳化物公司被陶氏化学公司收购，成为全世界最大的化学联合企业。这家公司仍然在从联合碳化物公司的产业中获利，但是却拒绝为之前的过失承担责任，也不愿意处理残留的化学物质。陶氏化学在2009年博帕尔泄漏事件25周年时曾表示，联合碳化物公司已经做了所有能做的事情来帮助受害者和他们的家人，称印度政府有责任向当地居民提供干净的饮用水和医疗服务。

5.9.4　原因分析

在技术方面，博帕尔农药厂厂址处于人口密集区，距火车站近。工厂没有按"本质安全"的原则进行设计操作。根据"本质安全"的原则，宜尽量采用无毒或毒性小的化学品替代毒性大的化学品，异氰酸甲酯MIC是该工厂生产工艺过程中的中间产物，在工厂设计阶段，可以考虑其他工艺路线以避免产生如此毒性的中间产物。当时，已有两家类似的工厂采用了其他替代的工艺路线，从而成功地避免了在工艺生产过程中产生异氰酸甲酯（MIC）。在储存中，按照设计要求每个储罐中储存的异氰酸甲酯（MIC）不应超过其储罐容量的1/2，然而，在事故发生时，异氰酸甲酯（MIC）的储量多达45万t，是储罐容量的70%。

在操作方面，工作人员在清洗与储罐相连的工艺管道上的过滤器时，在用水反向冲洗工艺管道时，正常的作业程序（见图5-10）要求关闭工艺管道的阀门，并在"隔离法兰"处安装盲板，在开始工作前，维修人员需要申请并获得作业许可证。但在本次作业前，维修人员并未获得作业许可证，没有通知当班操作人员也没有安装盲板以实现隔离，他们认为只要关闭阀门就可以对过滤器进行清洗了，但是因为腐蚀，阀门发生内部泄漏，在反向冲洗时有1~2 t的高压冲洗水通过阀门进入储罐。由于水进入异氰酸甲酯储罐中，引起热反应，致使压力升高，防爆膜破裂而造成泄漏。

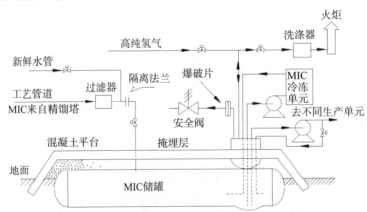

博帕尔（Bhopal）甲基异氰酸（MIC）储存系统的工艺流程简图

图5-10　博帕尔甲基异氰酸甲酯（MIC）储存系统的工艺流程简图

在管理方面，由于缺乏日常维护和维修，相关温度、压力仪表盘失灵，因此控制室内的操作人员并没有及时发现储罐的参数异常变化。由于不能及时进行处理，应急措施全部失效。该异氰酸甲酯储罐设有一套冷却系统，以使储罐内MIC温度保持在5℃左右。但调查表明，该冷却系统自1984年6月起就已经停止运作。没有有效的冷却系统，就不可能控制急剧产生的大量MIC气体。漏出的MIC喷向氢氧化钠洗涤塔，但该洗涤塔处理能力太小，不能将MIC全部中和。洗涤塔后的最后一道安全防线是燃烧塔，但结果燃烧塔未能发挥作用。在博帕尔惨案发生的时候，农药厂生产线上的6个安全系统无一正常运转。厂里的手动报警铃、异氰酸酯的冷却及中和等设备不是发生了故障，就是被关闭了。同时工厂大量削减雇工人数，70多只仪表盘、指示器和控制装置只有1名操作员管理，异氰酸酯生产工人的安全培训周期也从6个月降到了15天。

在社会责任方面，在事发之后，该工厂没有尽到向市民提供逃生信息的责任；他们对市民的生命有着惊人的漠视。当灾难迫近的时候，公司却没有对当地居民做出及时的警告。当时发生泄漏时，在泄露40多分钟才拉响警报，5 min后就自动关闭，导致绝大部分人毫无准备。

在医疗救治方面，事发后的救助也不能说是成功的，当时唯一一所参加救治的省级医院是海密达医院。公司没有提供任何信息说明该气体含有这些化学成分。由于联合碳化物公司处理这种气体已经有数十年的时间了，其有责任向公众和医疗组织建议治疗MIC气体中毒的一系列措施。但是医院方面没有收到任何由该公司提供的关于治疗措施的信息[2]，即使在今天也没有人知道正确治疗MIC气体中毒的方法。

5.9.5　结论和启示

就管理层而言，管理层对于安全的认可是实现工厂安全的根本前提，管理层的认可不仅利于落实日常的安全管理，也是建设企业安全文化的重要推动。就实现安全无事故的目标而言，如果没有管理层的承诺，再好的管理系统和技术能力都没有现实的意义。解决了"应该去做"的问题，紧接着的问题是"如何去做"。为了防止灾难性的事故，工厂需要做好管理与技术两个方面的工作：①需要建立科学的安全管理系统；②管理人员、工程师及操作和维修人员需要具备必要的技术能力。

就工艺安全而言，需要对危害较大的工艺系统进行系统的工艺危害分析。辨别工艺系统可能出现的偏离正常工况的情形，找出相关的原因与后果，并提出消除或控制危害的改进措施，从而提高系统的安全性能。建立和切实执行工艺系统的变更管理制度，严肃对待工艺系统和操作和维修程序的变更。加强对操作人员和维修人员（包括承包商）的培训和管理。了解工艺系统中存在的危害、相关的控制措施以及工厂的各项安全管理制度（如作业许可证制度）。加强对事故和未遂事故的根源分析。在本次灾难性事故发生之前，博帕尔工厂就发生过多次小规模的MIC泄漏事故，工人们都有过眼睛不适的经历（MIC损伤眼睛、肺部和神经系统等）。但是，这些前兆并没有引起工厂管理层的足够重视。

就国际关系而言，应高度重视"工业的重新布局"。20世纪后半叶，公害问题在发达国家得到广泛关注，人们对此谈虎色变。由于对此制定的环境标准越来越高，很多企业都把目标转向了环境标准相对不高的发展中国家。这些企业利用一些发展中国家为获取较大的经济利益热衷于吸引外资，重视技术和设备，忽视安全和环境保护，把一些发达国家几乎不允许设立的产业转移到发展中国家。博帕尔毒气泄漏事件是发达国家将高污染及高危害企业向发展中国家转移的一个典型恶果。

5.9.6 思考题

（1）在本案例中，为什么美国联合碳化物公司在美国的工厂没有发生如此严重的事故，而在印度却发生了呢？

（2）从政府角度可以得到什么启发呢？

（3）博帕尔毒气泄漏案以及类似的人为环境灾害对生态系统会造成哪些危害？

参考文献

[1] 张榕. 从世界十大环境污染事件看环境污染后果及对策[J]. 当代化工研究, 2019(2): 6-8.

[2] 人民资讯. 人为之祸：印度博帕尔毒气泄漏案[EB/OL].（2021-06-23）[2022-10-20].http://baijiahao.baidu.com/s?id=1703305447834848751&wfr=spider&for=pc.

5.10 美国2021得州大停电事件分析

内容提要：2021年2月14日开始，一波不寻常的北极暴风雪南下横扫美国得州，造成当地气温骤降，民众大开暖气，对电力的需求急速飙高，最后得州电网不堪负荷，发生近年来最严重的大规模停电，约400万户人家无电可用。

关键词：德州；停电；电网；政府

5.10.1 引言

2021年2月14日，一场冬季风暴席卷美国南部地区，其中受灾最严重的为得州，遭遇降雪、冰凌、冻雨等极端天气，降雪量创下历史纪录。极端天气导致得州大规模断水断电，超400万户居民受灾，停电导致大量居民受冻，上百人死亡。事件发生后，引起了世界电力工程界的广泛关注。中国能源处于转型和"碳达峰、碳中和"战略推进过程中，新能源增长迅猛，且2021年冬季多省市电网负荷创历史新高的背景下，得州轮流停电事故对于中国电网的安全稳定运行具有深刻的警示作用。

5.10.2 背景介绍

得州即得克萨斯州，是美国最南端的州。得州一直以来也被称为"孤星州"（The Lone Star State），在并入美国前曾叫得克萨斯共和国，由于历史原因，得克萨斯州目前仍然保有极大的自治权，许多得克萨斯州人仍然骄傲地称自己为孤星共和国的民众，得克萨斯共和国的国旗至今还高高飘扬在得克萨斯上空。

气候上，得州基本上属于温带气候，南部部分地区属于亚热带气候，因此该州冬季温暖，夏季炎热。

与美国其他州不同，得克萨斯州的电网是完全独立的，没有接入其他电力系统，得州不受联邦能源管制委员会管辖，也不受限于联邦定下的监管标准。得州电力可靠性委员会（Electric Reliability Council of Texas，ERCOT）是得州电网的主要运营者，服务超过2 600万得克萨斯州客户，约占该州电力负荷的90%。作为该地区的独立系统运营商，ERCOT管理的电网拥有46 500 mile（1 mile=1.609 km）输电线路、连接了680多个发电机组。ERCOT电网2020年夏季最高负荷达7 482万千瓦，其2021年发电装机构成如图5-11所示。

图5-11　得州电力系统2021年发电装机构成

5.10.3　事件情节描述

2021年2月15日，受冬季风暴的严重影响，美国得州气温骤降至−22℃，得州遭遇降雪、冰凌、冻雨等极端天气，降雪量创下历史纪录。极端天气导致得州大规模断水断电，超400万户居民受灾，超过300万人失去了电力供应。达拉斯、休斯敦等城市大面积轮流停电，取暖需求激增，将电网逼向极限。停电导致大量居民受冻，上百人死亡，得州电网随即宣布进入历史上最为严重的供能危机，政府也宣布全州进入紧急状态。在停电断水的危机下，超市大量关门停业，物资供应、医疗救助、疫苗接种等方面皆受到影响，居民的生活和生命安全都面临着严重危机。

5.10.4　原因分析

根据现有的公开资料，推测此次停电事件的主要原因如下。

（1）作为美国第二大州，得州拥有全美41%的石化产量和28%的风能供应，有"能源心脏"之称。从能源角度看，得州本不该停电，但由于极端寒潮，使油井冻结，天然气发电减少，涡轮机结冰，导致风力发电瘫痪而停电。位于亚热带地区的得州南部，缺乏预防控制天然气冰堵的意识，虽然早已发出大寒潮预警，但其缺少天然气湿度控制去除设备和预防管道冰堵的监控措施。加之电力需求急剧上升，迫使得州电网不得不实施短期轮换停电。在供需的极端失衡下，得州电价疯狂飙升，上涨到1万美元/兆瓦时，相当于当地平时电价的200倍。

（2）由于得克萨斯州的电网是完全独立的，这就意味着在能源需求过剩的时候，得州缺乏向其他州输送能源的能力，当然在面临诸如冬季风暴等极端事件的时候，得州也无法从其他地方获取能源。电网独立虽然使得得州电力行业在平时效率、自主权、盈利能力方面都更高，但遇到停电危机，就很难从全国电网寻求电力输送救援。

（3）电力市场及政策机制设计存在缺陷。得州在能源转型中对电网投资建设重视不足。在过去的15年里，得州煤电占比由37%降至18%、风电占比由2%升至23%。但受各类投资主体多元化及投资收益率影响，美国能源及电力市场建设主要集中在电源侧和负荷侧，而对电网长期投资重视不足。

此次得州危机也在美国引发了各种舆论。共和党众议员丹·克伦肖在社交媒体上批评称，在寒潮中，没有防冻准备的风力发电机涡轮被冻住，导致风力发电产能大幅削弱。这就是强迫电网部分依赖风力发电作为电力来源会发生的事。而得州农业部部长也在FaceBook上发文，呼吁"永远也不要在得州再多建一个风力发电机"，他指控称"这些丑陋的风力发电机就是我们现在正经历的大停电的主要原因之一"。他还称其为"不好看又没用的、抢夺能源的奥巴马时代丰碑"，讥讽说"它们至少向我们展示了傻子住在哪里"。

美国清洁电力协会CEO海瑟·泽查尔则反驳称，清洁能源反对者试图将得州电网的断电转嫁到系统里的其他地方，其目的是减缓朝着清洁能源的未来过渡的步伐。还有网友批评道："看这些不管天晴雨雪都在攻击清洁能源的反对派参与这种政治化的机会主义的戏码，误导美国民众，推进他们跟恢复得州电力无关的计划，真是很丢人。危机发生后，州政府、地方政府、供电公司相互推卸责任。"

得州一位市长甚至发文称："政府的责任不是在这种困难的时候给你们提供帮助，没有谁欠你或你的家人什么，在这样的困难时期，地方政府也没有责任支持你们！是自己游泳还是沉到水底，这是你的选择！市和县政府，以及电力供应商或任何其他服务企业，不欠你任何钱！"

5.10.5　结论和启示

中国保持着世界上大电网平稳运行的最长历史记录，大范围停电事故极少出现。然而极端天气也正在变得更加频繁。从得州电力危机中吸取教训，深化对有关问题的认识与理解，对我国更好地谋划能源电力体制改革、科学设计能源电力市场体系、做好应对极端气候挑战的前瞻工作，具有重要意义。

（1）要深刻反思得州能源电力体制机制问题，立足国情，加快完善能源电力管理体系。

（2）要高度重视得州能源电力市场建设暴露出来的缺陷，坚定不移地建设适合国情的能源市场经济体系。

（3）要严肃对待极端自然条件对能源电力系统的深远影响，通过开展一系列工作，加快建设更有力应对气候变化的能源基础设施系统。

5.10.6 思考题

（1）你认为风力发电是造成此次得州危机的罪魁祸首吗？

（2）政府在遇到电力问题时应当发挥什么样的作用？

参考文献

[1] 央视网. 极端天气何以引发美国能源大州大停电[EB/OL]. （2021-02-21）[2022-10-20]. https://news.cctv.com/2021/02/21ARTIDMKS8ESTOOYLVLXGdEpb210221.shtml.

5.11 杭州垃圾焚烧发电厂工程伦理案例

内容提要：本节描述了杭州市余杭区垃圾焚烧发电厂工程事件，讲述其如何从一个"邻避效应"社会事件转化为工程社会治理和工程伦理的成功实践。2014年5月，该垃圾焚烧发电厂工程项目因当地民众反对，激化为一起群体性社会事件，引发了社会各界广泛关注。此后，当地政府、涉事企业、相关专家与当地民众等多方之间展开充分沟通，从而使这一事件得以成功化解。

关键词：邻避效应；垃圾焚烧发电厂

5.11.1 引言

近年来，杭州市随着人口的增加，日益面临着"垃圾围城"的窘境。为解决城市生活垃圾的处理问题，经专家论证，2014年拟在位于杭州市余杭区建立一个生活垃圾发电厂。该工程项目的启动，遭到了当地民众的强烈反对，进而演化为一场群体性事件。冲突事件发生后，当地政府组织企业、专家、当地民众等进行深度对话，采取一系列措施积极促成公众参与工程，并在产业发展等方面切实解决当地民众后顾之忧，最终成功化解了这一"邻避"事件。

5.11.2 相关背景介绍

近年来，杭州市一直面临着"垃圾围城"的困境，年垃圾增长率均超过10%，现有垃圾填埋场所预计使用寿命已不足6年。在这种情况下，政府将解决途径指向了垃圾焚烧，根据科学研究，当焚烧温度比较高时，便可以将污染降到最低。经过反复筛选，专家将新建垃圾焚烧厂的地点定在了余杭区中泰街道的一个废弃的采矿场，建成后将主要用于处理城西居民产生的生活垃圾。该采矿场四面环山，而且还存在一定的居民区，因此引起了当地居民的强烈不满。

5.11.3　情节描述

当地居民并不支持在本地建立垃圾焚烧发电厂，他们认为该垃圾焚烧场所产生的污染物会影响周边环境，对他们的身体健康产生影响。还有一些人担忧，垃圾焚烧厂将对当地的环境质量、资产价值带来负面影响。2014年5月，为抗议垃圾焚烧发电厂项目建设，部分当地村民在一些别有用心的所谓环保人士的煽动下，大规模地聚集，封堵高速公路，一度造成交通中断；一些恶意群众甚至烧毁车辆，殴打执法民警和当地群众。该垃圾焚烧发电厂的建设产生了一起激烈的社会事件，引起社会各界的广泛关注。

针对此类恶性事件，当地政府采取了强硬措施，对蓄意煽动群众者进行严厉打击，并组织当地群众同环保专家进行面对面答疑解惑，争取得到群众的支持和理解，但效果不是很显著。为了让当地居民更加放心，政府分批次组织当地群众外出考察国内相似的垃圾焚烧发电厂，确定其对环境有无影响，进而打消他们的疑虑。在当地政府的不懈努力之下，群众完全转变了态度，同意了该垃圾焚烧发电厂的建设。

5.11.4　原因分析

该垃圾焚烧发电厂的建设之所以出现恶性事件，首先源于当地政府事先没有与居民进行有效沟通。政府对焚烧厂的选址规划已经综合考虑了地理环境、城市规划和对周边交通、市民生活的影响，但是却并没有将这些事通知当地民众，未能及时消除当地居民的忧虑。

其次，各级干部的知识储备不足。譬如，垃圾焚烧项目选址出现一些杂音后，区里也试图做一些解疑释难的工作，杭州市政府承诺，将采用国际最先进设备建造垃圾焚烧发电厂，利用高温气体进行热能发电，并对产生的污染物进行净化处理，将对人以及环境有害的物质进行脱除，排放到空气中的物质只有水蒸气、氮气等常规气体，可以达到现行的国家排放标准，可有些干部连专业术语也讲不清。结果，就被所谓环保人士的说法先入为主地打了个"时间差"。如果公众的疑惑在第一时间能够得到科学合理的解答，那么发生冲突的可能性将大大降低。

最后，未考虑到当地居民的利益诉求。垃圾焚烧发电厂的建成虽说对全体市民都有很大好处，但或多或少会损害当地居民的利益，应当对当地居民进行相关的补偿。该事件的成功处理为后续相同事件提供了解决思路，凡是涉及环境污染的大工程，要充分发挥政府的分配职能，提高垃圾生产方的收取费用，对承担垃圾危害区域的居民进行相关补偿，减小居民的心理不平衡。并且提高垃圾处理费用，将多余的部分用于环境改善。

5.11.5　结论和启示

杭州垃圾焚烧发电厂的建设一波三折，在经历了群众冲突之后，在政府的主动协商下，成功保证了当地居民的利益，实现了最大程度的公平正义。这一事件的成功解决为后续"邻避事件"提供了解决思路。可以看出，解决这一事件的根本就是要维护各方的利益，实现公平正义，并且公众也要参与到工程之中。

5.11.6 思考题

（1）工程伦理中的公平正义原则如何保证?

（2）如何认识公众参与工程的必要性?

参考文献

[1] 杭州解开了"邻避"这个结[J]. 领导决策信息, 2018, (6): 21.

[2] 中国新闻网. 杭州5·10事件: 居民不担心技术, 就怕监管不到位[EB/OL].（2014-05-12）[2022-10-20]. http://www.chinanews.com/gn/2014/05-12/6157341.shtml.